NORDSEE
Hamburg
Elbe
BERLIN
WARSCHAU
POLEN
AMSTERDAM
NIEDERLANDE
Kluterthöhle
Attahöhle
Wiehler
Tropfsteinhöhle
DDR
Raj-Höhle
BRÜSSEL
BELGIEN
Köln
BONN
Grotte
de Han
L.
Frankfurt
Krakau
PRAG
ČSSR
Teufelshöhle
Rhein
BRD
König-Otto-Höhle
Demänova-Höhlen
Domnicer Höhle
ARIS
Bären-und
Karlshöhle
Charlottenhöhle
Nebelhöhle
München
WIEN
Donau
Hermannshöhle
Aggteleker
Tropfsteinhöhlen
Erdmannshöhle
Schellenberger
Eishöhle
Salzburg
Eisriesen-
welt
Grasslhöhle und
Katerloch
BUDAPEST
Lurgrotte
Basel
Graz
Tapolcaer Seehöhle
RUMÄNIEN
OESTERREICH
UNGARN
REICH
BERN
St. Beatus-Höhle
SCHWEIZ
Skocjanska-Jama-Höhle
Grotta Gigante
Adelsberger Grotte
(Postojnska Jama)
Genf
Venedig
Rijeka
BELGRAD
Mailand
Rhône
JUGOSLAWIEN
Resavske pecine
BULGARIEN
en d'Orgnac
Grotta del Vento
Marseille
Florenz
ADRIA
SOFIA
ITALIEN
Korsika
ROM
TIRANA
ALBANIEN
Bari
Grotta di
Castellana
GRIECHENLAND
Grotta di
San Giovanni
Sardinien
Cueva del Hams
ATHEN
MITTELMEER
Palermo
Sizilien
TUNIS
TUNESIEN
GERIEN

Die schönsten Höhlen Europas

Karl Thein

Die schönsten Höhlen Europas

Mit 90 Abbildungen
davon 30 in Farbe

Bruckmann München

Schutzumschlag-Vorderseite:
Eisriesenwelt im Tennengebirge.
Schutzumschlag-Rückseite:
Stalagmit in der Höhle von Aven d'Orgnac.

Herstellung: F. Bruckmann KG, München
Graphische Kunstanstalten
Printed in Germany
ISBN 3 7654 1731 9

Inhaltsverzeichnis

Einführung

Wer schon einmal eine Höhle besucht hat, wird sich sicher auch gefragt haben: Wie entsteht eine Höhle eigentlich, und welche Arten gibt es? — eine Frage, die wir hier als erstes beantworten wollen:

Höhlen können in allen Gesteinen vorkommen. Ihre Entstehung steht in engem Zusammenhang mit der jeweiligen Landschaft, mit bestimmten Oberflächenformen und Gesteinsarten. Die bedeutendsten Höhlen treten in Kalkgestein, Kalkmergel, Kalkglimmerschiefer, Marmor, Gips und Salz auf, die sich alle durch große Klüftigkeit und gute Löslichkeit in kohlensäurehaltigem Wasser auszeichnen. Höhlen können gleichzeitig mit dem Muttergestein entstehen, das sie umgibt — primäre Höhlen —, oder später als dieses — sekundäre Höhlen.

Zu den primären Höhlen gehören die Blasenhöhlen, Lavahöhlen, Riffhöhlen und Tuffhöhlen:

Blasenhöhlen entstehen im erkaltenden Gestein, wenn Hohlräume mit Gas gefüllt sind. Sie haben meist geringe Ausdehnung, die Wände sind häufig mit Quarzkristallen ausgekleidet.

Lavahöhlen entstehen, wenn der Lavastrom oberflächlich erstarrt und die unteren Schichten noch zähflüssig weiterfließen. Die Lavahöhlen sind meist gangartig in Fließrichtung ausgebildet und können bei mehreren Vulkanausbrüchen übereinanderliegende Stockwerke aufweisen.

Riffhöhlen sind auf das Verbreitungsgebiet der Korallen beschränkt. Sie entstehen durch ungleichmäßiges Wachstum der einzelnen Riffabschnitte.

Tuffhöhlen entstehen, wenn stark kalkhaltiges Wasser an die Oberfläche tritt und der mitgeführte Kalk an niederen Pflanzen wie etwa Moosen zum Absatz kommt.

Die im bereits vorhandenen Muttergestein entstehenden sekundären Höhlen sind weit häufiger als die primären Höhlen. Nahezu alle räumlich ausgedehnten Höhlensysteme sind sekundäre Bildungen:

Die als Wasserhöhlen zusammengefaßten Höhlensysteme haben die größte Bedeutung. Sie sind auch am weitesten verbreitet. Ihre Bildung beruht einerseits auf der mechanischen Arbeit des Wassers, der Erosion, andererseits auf seiner chemischen Einwirkung, der sogenannten Korrosion. Ufer- und Brandungshöhlen werden vor allem durch Erosion geschaffen. Wenn wässrige Lösungen auf Gesteine treffen, die leicht löslich sind (Karstgesteine), dann entstehen die Korrosionshöhlen.

Tektonische Höhlen können in allen Gesteinsarten vorkommen. Die Ursachen zu ihrer Bildung sind Gebirgsfaltungen, tektonische Beben und sonstige lokale Gleitvorgänge.

Windhöhlen entstehen in Gesteinen, die der abschleifenden Wirkung des Windes wenig Widerstand entgegensetzen. In Gebieten ohne geschlossene Vegetationsdecke und häufig auftretenden Stürmen können Windhöhlen von nennenswerten Ausmaßen entstehen.

Höhlen unterteilt man ferner in Trockenhöhlen, Wasserhöhlen, Horizontalhöhlen und Schachthöhlen. In großen Systemen gehen diese Höhlenarten ineinander über.

Die Beziehung von Mensch und Höhle dürfte so alt sein wie das Menschengeschlecht selbst. Noch in der älteren Literatur wurde daher vom »Höhlenmenschen« gesprochen, ein Begriff, der heute als veraltet und unangebracht nicht mehr verwendet wird.

Die bisher in Höhlen gefundenen Gebeine von Menschen stammen von mehreren Menschenrassen: von der Vormenschenstufe (Vorneandertaler), der Urmenschenstufe, der Altmenschenstufe (zweite Hälfte der Würmeiszeit) und von Menschen der jüngsten Zeitrechnung. Sie konnten sich deshalb so gut erhalten, da die Bedingungen dazu in Höhlen besonders günstig sind. In Höhlen vieler Länder und Kontinente wurden zahlreiche menschliche und tierische Überreste gefunden; so entdeckte man vor wenigen Jahren (1971) in der Caune d'Arago bei Perpignan in Frankreich einen menschlichen Schädel, dessen Alter mindestens 200 000 Jahre beträgt. Vor kurzem wurden auch in Nordgrönland in einer Höhle acht mumifizierte Eskimos aus dem 15. Jahrhundert, der Zeit kurz vor dem Ende der Wikinger-Besiedelung, geborgen.

Aus den Fundumständen, den Beigaben, der gleichzeitigen Einbettung fossiler Tierarten und anderem können Hin-

Das »Schwert« im trockenen Westgang des aus 5 Stockwerken bestehenden Höhlensystems von Predjama, das 6466 Meter lang ist und einen Höhenunterschied von 106 Meter aufweist.

weise auf die natürliche Umgebung und die geistige Welt der Menschen vergangener Epochen gewonnen werden. Insgesamt kann man sagen, daß Höhlen bereits in urgeschichtlicher Zeit als Wohnstätten benützt wurden oder kurzfristig als Schutz vor Unwettern dienten, daß sie außerdem vor Feinden — Tieren oder Menschen — Sicherheit boten. Gleichzeitig waren sie immer aber auch Aufbewahrungsorte oder Verstecke für Geräte, Handelswaren, Schätze und Schmuck. Bekannt sind sie auch als Kulthöhlen (Opferhöhlen) und Grabhöhlen.

Heute hat man zahlreiche Höhlen für Besucher ausgebaut, viele aber sind immer noch nicht zugänglich gemacht und können nur von Forschern und Wissenschaftlern betreten werden.

Die sogenannten Schauhöhlen werden — neben der oben erwähnten üblichen Einteilung — in Wasser-, Eis- und Tropfsteinhöhlen unterschieden. Damit auch jeder Tourist sich orientieren kann, wurden sie ferner eingeteilt und mit »Sternen« in den Reiseführern versehen: Drei Sterne: Sehenswürdigkeit von internationalem Rang, die auch eine weite Anreise lohnt; zwei Sterne: Sehenswürdigkeit von großer Bedeutung; ein Stern: lohnende Sehenswürdigkeit.

Nur wenige Schritte sind es, die den Menschen in eine andere Welt führen, in der völlige Dunkelheit herrscht, fast konstante Temperaturen und hohe Luftfeuchtigkeit anzutreffen sind, in der die Pflanzen — bis auf die Lampenflora, die sich um die Beleuchtungskörper der Schauhöhlen entwickelt — fehlen und nur wenige Tierarten leben. Zehntausende von Menschen besuchen alljährlich die Schauhöhlen, freuen sich am Formenreichtum und an der Farbenpracht der Tropfsteine und Sintergebilde in einer für kurze Zeit erhellten Unterwelt. Am Ende der Führung sind sie in der Regel aber doch recht froh, wieder das Licht des Tages zu erblicken. Das Erlebnis der Höhlenbesichtigung wird ihnen lange in Erinnerung bleiben — Schwierigkeiten und Hindernisse, wie sie den Entdeckern und Forschern begegneten, sind ihnen erspart geblieben.

An dieser Stelle soll kurz auch auf die Leistung der Höhlenforscher hingewiesen sein, die einst die Höhlen in ihrem Urzustand antrafen. Oft gab (und gibt) es keine Straßen, auf denen man mit dem Auto oder dem Bus bis zur Höhle fahren konnte. Es existierten keine entschärften und gebahnten Gänge und Wege, die Höhlen waren nicht elektrisch beleuchtet. Eine genaue Erforschung erst brachte das Ergebnis, ob eine Höhle sich als Schauhöhle eignete, wo die Führungswege angelegt und die Beleuchtung installiert werden konnte, damit der Gesamteindruck einer natürlichen Höhle nicht verlorenging.

In aller Welt sind auch heute die Wissenschaftler unermüdlich tätig, die sich die Erforschung der unterirdischen Höhlenräume zur Aufgabe gemacht haben. Aus Liebe zur Natur, Freude an der körperlichen Betätigung, aus Abenteuerlust und Begeisterung an Neuentdeckungen fanden viele zur Höhlenforschung, die ein wissenschaftlicher Zweig geworden ist: die Speläologie. Hier finden Geologen, Wasserwirtschaftler, Vor- und Frühgeschichtler, Zoologen, Botaniker, Kartografen, Fotografen und Statistiker ein reiches Arbeitsfeld. Wir aber wenden uns den erschlossenen Schauhöhlen Europas zu, die hier in Bild und Wort vorgestellt werden, darunter nur »Zwei- und Dreistern-Schmuckstücke« der vorher erwähnten Wertung. Vielleicht wird dieser Band für manche Betrachter und Leser ein Anstoß sein, selbst einmal dieser wunderbaren und seltsamen Welt unter der Erde auf völlig gefahrlosem Weg einen Besuch abzustatten.

Karl Thein

Auf dem unterirdischen Flußlauf der 8 Kilometer langen Kreuzberghöhle (Krizna Jama) bei Loz, etwa 15 Kilometer von Postojna entfernt, die man das dritte Karstwunder Sloweniens nennt. Sie soll deshalb an dieser Stelle zumindest mit einer Abbildung vertreten sein. Diese Höhle besitzt zwei unterirdische, untereinanderliegende Wassersysteme, 22 Seen und reichen Tropfsteinschmuck.

Die Höhlen Jugoslawiens

Jugoslawien gilt als das Land des klassischen Karstes, denn ein Drittel seines Staatsgebietes weist diese typische Steinwüstenbildung auf. Das Hinterland von Triest, eine öde, steinige und wasserlose Landschaft, bewachsen von kümmerlich dornigem Gestrüpp und bedeckt mit kargen Weideflächen, zwischen denen in rundlichen Dolinen ärmliche kleine Äcker eingelagert sind, wurde schon von den Kelten »Karst« genannt. Diese Bezeichnung übernahmen die Römer, die Slowenen und in der Wissenschaft schließlich die Geographen für alle ähnlichen Erscheinungsformen auf der Erde.

In geologischer Vorzeit lag dieses Gebiet noch knapp über dem Meeresspiegel; seine breiten Flußläufe auf der Oberfläche schufen weite Ebenen. Während einer langen geologischen Entwicklung wurde durch Erdkrustenbewegungen das Land hoch über das Niveau des Adriatischen Meeres gehoben. Die Flüsse gruben sich tief in das Erdinnere ein; die im Sommer unbarmherzig herabbrennende Sonne und die im Winter zum Meer hinabstürmende gefürchtete Bora ließen das Karstgebiet der Küstenregion entstehen, nachdem durch Abholzung und Weidewirtschaft seit dem Altertum die Bewaldung größtenteils verschwunden war.

Im Landesinneren bietet die mit dichten Fichtenwäldern bedeckte Karsthochfläche ein ganz anderes Bild, das seine Entstehung folgendem Prozeß verdankt: Das Tau-, Regen- oder Schneewasser nimmt in der Luft von den Pflanzen und im Humus Kohlensäure auf. Mit ihrer Hilfe laugt es im leicht löslichen Kalkstein unzählige Rillen und Rinnen, die sogenannten Karren, aus, die das Gestein nach allen Richtungen durchfurchen. Wo größere Spalten in die Tiefe führen, entstehen die Dolinen, runde, trichterförmige Einsenkungen, die 20 Meter Tiefe und teilweise mehr als 100 Meter Breite aufweisen können. Sie sind die verbreitetste und bezeichnendste Oberflächenform des Karstes und häufig der Eingang zu tiefen Schächten und Höhlen.

Eine typische Erscheinungsform sind auch die sogenannten Karstpoljen, allseitig abgeschlossene Kesseltäler, an deren oberem Ende Karstflüsse entspringen, die nach kurzem oberirdischem Lauf wieder im Untergrund verschwinden. Bei Eintritt der Frühjahrs- und Herbstregen verwandeln sich viele Poljen in weite Seen, da die Karstschwinden und Schlucklöcher die zuströmenden Wassermassen nicht mehr ableiten können. Der See von Cerknica (Zirknitzer See) und das Polje von Planina sind die bekanntesten unter den vielen periodischen Seen.

Das Wasser trägt nicht nur weitgehend zur Gestaltung der Erdoberfläche bei, es bildet auch in der Unterwelt wunderbare Formen. Es sickert durch Spalten und Klüfte hindurch, erweitert sie zu Schächten und sammelt sich zu unterirdischen Wasserläufen, die wieder größere Kalksteinmassen auflösen und dadurch gewaltige Gänge und andere Hohlräume schaffen. Für den Verlauf des unterirdischen Wassers sind die Klüftigkeit des Gesteins und die Neigung der Schichtflächen maßgebend, da das Wasser immer die Stellen des geringsten Widerstandes aufsucht. Im Verlauf der Zeit gräbt es sich immer tiefer in die Kalkschichten ein, und in den früher von Wasser durchflossenen Hohlräumen setzt nun ein neuer Prozeß ein. Jeder Wassertropfen löst auf seinem Weg in die Tiefe Kalk auf und transportiert ihn zu den Höhlenräumen. Der im Sickerwasser in Form des Hydrokarbonats gelöste Kalk wird durch das Entweichen von Kohlendioxid und verschiedener anderer Vorgänge zum Ausscheiden gebracht; er bildet den Sinterschmuck der Höhlen und kommt in den verschiedensten Formen vor. Die Ansatzpunkte dieser eigenartigen Gebilde hängen stets mit Rissen und Klüften im Muttergestein zusammen, aus denen das Wasser tropft und rieselt. Bei flachen Fugen oder Klüften rieselt es in breiter Front abwärts und bildet flächenhafte Überzüge, die zu beträchtlicher Dicke und mächtigen Kaskaden anwachsen können. Fahnen oder vorhangähnliche Gebilde entstehen an steilstehenden Rissen von Dekken oder Höhlenwänden. An punktförmigen Tropfstellen bilden sich hauchdünne Sinterröhrchen (Spaghettiröhrchen). Bodenzapfen entstehen durch das Abtropfen des Wassers auf dem Höhlenboden. Man nennt sie Stalagmiten. Die von den Höhlendecken herunterwachsenden Tropfsteine sind die Stalaktiten. Die Dicke der Tropfsteine wird von der zugeführten Wassermenge, die Höhe vom Alter bestimmt.

Die »Zwillinge« in den »Stillen Grotten« der Höhlen von St. Kanzian bei Divaca.

Neben glasklaren und durchsichtigen Sinterbildungen (feinkristalline oder amorphe Mineralausscheidungen) findet man in den Höhlen sehr oft reinweiße Tropfsteine und Sinterformationen. Sie bestehen aus reinem oder fast reinem Kalzit. Milchweiße Ausscheidungen können allerdings auch aus Aragonit bestehen. Braune, gelbbraune und gelbe Färbungen des Sinters werden durch einen nicht unwesentlichen Anteil von Eisenoxiden hervorgerufen. Karminrote oder blutrote Farben entstehen durch Beimengungen von Manganoxiden. Wenn das Sickerwasser erzhaltige Gesteine vor dem Einsickern in die Höhlenräume durchfließt, zeigen sich blaue oder grüne Farbtöne. Eisen- und Manganoxide rufen Schwarzfärbungen hervor, wenn es sich bei den Überzügen nicht um Rußschichten handelt. Auf Sedimenten und Felspartien können derartige Überzüge genauso wie auf Sinter vorkommen.

Die Höhlen von Sankt Kanzian – Skocjanska Jama

Wenn man von den Schönheiten des jugoslawischen Karstes spricht, muß man die Höhlen von St. Kanzian (Skocjanska Jama) mit an erster Stelle erwähnen.

Jeder Besucher der Höhlen wird von der wilden Romantik der Felsschluchten, der riesigen Felswände, der schauerlichen Abgründe und von der Größe der unterirdischen Räume überwältigt sein und zugleich überrascht vom reichen Sinterschmuck in den verschiedenen Höhlenteilen.

Die Reka (slowenisch für »Fluß«) entspringt unter dem Krainer Schneeberg (Sneznik) und fließt auf Mergelschiefern, die auf mächtigen, zerklüfteten Kalksteinschichten gelagert sind. Die wasserundurchlässigen Schiefer verwittern rasch zu Humus, weshalb das Tal der Reka so fruchtbar ist. Sobald die Reka unterhalb Vreme den kahlen Karst erreicht, ändert sich plötzlich das Landschaftsbild. Die den Fluß begleitende anmutige, dichtbewaldete Landschaft verengt sich allmählich zu einer wilden cañonartigen Schlucht, die nach zweieinhalb Kilometer an einer riesigen Felswand endet. Nach 47 Kilometer oberirdischem Lauf verschwindet hier die Reka in der Unterwelt.

Unweit von Divaca, das an der Straße nach Koper liegt, zweigt linker Hand eine ein Kilometer lange Fahrstraße ab, die nach Matavun führt. Hierher gelangt man auch zu Fuß von Divaca aus. Der markierte Weg führt in einer Stunde zum in 429 Meter Seehöhe gelegenen Aussichtspunkt. Am Rand einer 164 Meter tiefen und 500 Meter breiten Einsturzdoline stehend, blicken wir auf die Große und die Kleine Doline. Oberhalb der hohen Felswand (124 m) liegt das kleine Dorf Skocjan. Inmitten des Dorfes, nahe der Kirche, kann man den 100 Meter tiefen, bis zur unterirdischen Reka hinunterreichenden Abgrund Okrolica sehen.

Nachdem wir in Matavun die Eintrittskarten gelöst haben, wandern wir in Begleitung eines Höhlenführers in den Einbruchkessel Globacak, in dem sich der Eingang zum höchstgelegenen Teil der Höhlen, zur »Stillen Grotte« (Tihajama), befindet. Nach kurzer Zeit stehen wir im wunderbar versinterten »Paradiessaal«. Auf dem Weiterweg gelangen wir in den eindrucksvollen, 118 Meter langen und 25 Meter hohen »Großen Saal«, in dem auf einem mächtigen Versturz gewaltige Stalagmiten entstanden sind. Auf dem nun leicht abwärts führenden Weg, der besonders schönen Sinterschmuck aufweist, vernehmen wir bald ein immer stärker werdendes Rauschen und Dröhnen: die sich über mehrere Stromschnellen in den »Müllersee« stürzende unterirdische Reka. Ab hier schuf sich der Fluß ein zwei Kilometer langes Flußbett, das von nahezu 100 Meter hohen Felswänden begleitet wird, die den sogenannten Hankekanal bilden. Beim Abflußsiphon, dem »Toten See«, verschwindet die Reka in unbekannte Tiefen und kommt erst nach 47 Kilometer bei Duino, nahe am Meer, wieder zutage.

Nur an zwei Stellen ist es bis heute gelungen, Aufschluß über den unterirdischen Lauf der Reka zu bekommen. In der 357 Meter tiefen Kacnajama konnten jugoslawische Höhlenforscher bis zur Reka vorstoßen und sieben Kilometer des unterirdischen Flußlaufs erkunden. Auf italienischer Seite wurde die Reka in der Höhle Labodnica (Grotta di Trebiciano) erreicht.

Der vom Tageslicht noch erhellte See in der Mahorcicgrotte der Skocjanska Jama mit Blick auf den Führungsweg und die Aussichtsplattform.

Vor dem Eintritt der Reka in den »Hankekanal« führt 45 Meter oberhalb des Flusses die kühn angelegte »Hankebrücke« auf die rechte Seite der Reka. Auf einem aus der fast senkrechten Felswand gehauenen gesicherten Steig erreichen wir den »Saal der Sinterwannen« und kurz darauf den »Schmidlsaal«, in den Tageslicht einströmt. Hier hängen die Erinnerungstafeln an die ersten Erforscher der Höhlen von Sankt Kanzian.
Beim Verlassen des Saals erblickt man die 163 Meter hohe Felswand, unter der die Reka am Grund der Großen Doline (Velika Dolina) verschwindet. Das Rauschen des mächtigen Wasserfalls, der in den See in der Großen Doline hinabstürzt, begleitet uns bis in den Tomincsaal.
Archäologische Grabungen erbrachten den Beweis, daß die Tominchöhle schon in der Jungsteinzeit von Menschen bewohnt war.
Über Steinstufen erreichen wir den Kamm zwischen der Großen und der Kleinen Doline (Mala Dolina). Von hier aus kann man nach Matavun zurückkehren. Es ist aber auch möglich, den Weg über die »Tomasinibrücke« oberhalb des Wasserfalls zu benützen. Er führt in die Kleine Doline, weiter zur dämmrigen Marinic- und zur nahen Mahorcichöhle.
Hier bietet sich ein prächtiger Ausblick auf das gigantische Portal, durch das Tageslicht einfällt und die Wildwasser der Reka beleuchtet. Auf einem steilen Pfad geht es zurück nach Matavun, wo wir uns bei einem oder zwei Gläsern Wein und luftgeräuchertem Karstschinken mit schwarzem, selbstgebackenem Brot von den Strapazen dieser schaurigschönen Schauhöhlenbesichtigung erholen.
Einige interessante Daten: Gesamtlänge der Höhlen: 5100 Meter. 1823 Einbau der ersten Steintreppen in die Große Doline; Entdeckung der Höhlen von Sankt Kanzian von 1883–1904.
Elektrische Beleuchtung seit 1950, wodurch die Besucherzahl auf über 40 000 im Jahr anstieg.
Besuchszeiten: 1. April bis 31. Oktober, jeweils um 10 und um 15 Uhr. Außerhalb der Saison nur um 15 Uhr. Sonderführungen möglich. Führungsdauer: eineinhalb Stunden.

Adelsberger Grotte – Postojnska Jama

Die Entstehung und der Entwicklungsprozeß der Höhlenräume zwischen dem Pivkabecken und dem Polje von Planina wird am Beginn der Eiszeit oder des Quartärs angesetzt.
Das Pivkabecken ist von Hochflächen umgeben, die aus Kalkgestein aufgebaut sind und sich 300 bis 600 Meter hoch über dem Pivkafluß erheben. Das Becken selbst besteht aus weichem, wenig widerstandsfähigem, aber wasserundurchlässigem Gestein, dem sogenannten Flysch. Vor einigen Millionen Jahren wurden die ursprünglich horizontal gelagerten Kalkschichten von Nordwesten nach Südosten gefaltet, außerdem schoben sie sich noch von Norden her über den Flysch des Pivkabeckens. In den Schichten kam es dabei verschiedentlich zu größeren und kleineren Brüchen, die in späterer Zeit die Entstehung von unterirdischen Hohlräumen wesentlich begünstigten. Vor dem Eingang der heutigen Höhle ist eine derartige Verschiebung gut sichtbar, sie zieht von hier aus am Ort Predjama vorbei über das Polje von Planina bis zum Polje von Cerknica.
Die Wässer aus dem ganzen Raum des Pivkabeckens flossen vor einigen Millionen Jahren noch auf der Erdoberfläche in das Gebiet des heutigen Beckens von Planina und über die Rumpffläche von Logatec gegen das Ljubljaner Moor. Nach der Hebung der Randgebiete des Pivkabeckens verlegten die Wässer an den weniger widerstandsfähigen Stellen im Kalkstein ihren Lauf tiefer und begannen zu versickern. Dies geschah entlang der ganzen Randzone des Pivkabekkens. Der Lauf des damaligen Ljubljanicaflusses führte auf der Oberflächenstrecke der undurchlässigen Schichten des Pivkabeckens entlang, durch die Karstpoljen und weiter in die unterirdischen Hohlräume, wobei die Pivka den größten Teil der Wässer aufnahm. Aus den Ablagerungen in den Höhlen von Postojna und am Rand des Beckens erkannte die Forschung, daß bereits vor einigen Millionen Jahren ein ununterbrochener, unterirdischer Abfluß der Wässer des Pivkabeckens zum Polje von Planina bestand. Die Höhlen wurden also schon damals in ihrem heutigen Umfang aus-

Tropfsteinpartie aus den 1891 entdeckten »Schönen Höhlen«. Sie werden auch ihrer kristallreinen, weißlichen und sanften Farbtönungen wegen als Schatzkammer der Höhle von Postojna bezeichnet.

gebildet; und zwar versickerten ursprünglich die Wässer der Nanoscica, des linken Zuflusses des Pivka, bei Predjama (erst später verlegte die Nanoscica ihre Schwinden nach Osten!). Gleichzeitig mit der Pivka versickerte bereits die »Vorgängerin« der Nanoscica am Ende des heute trockenen Blindtals Risnik: Das Höhlensystem von Postojna entstand. Im Gebiet zwischen dem Pivkabecken und dem Polje von Planina sind auf etwa 20 Quadratkilometer über 20 Kilometer unterirdischer Höhlengänge bekannt. 311 Kilometer umfaßt das Flußgebiet der Pivka. Aus dem Flyschgelände ihres Zuflusses Nanoscica stammt der Großteil ihres Wassers. Aus den überfüllten unterirdischen Höhlen der aus Kalkstein bestehenden Hochfläche bricht die Pivka bei Hochwasser aus und fließt bis zur Ortschaft Prestranek auf Kalkboden. Hier erreicht sie das Flyschbecken von Postojna. Nahe der Höhle von Postojna vereinigen sich die beiden Flüsse Nanoscica und Pivka: Ihr 26 Kilometer langer oberirdischer Lauf besitzt ein Gefälle von nur 1,5 Prozent, unter der Erde fließen sie dagegen mit 5,8 Prozent Gefälle. Der Durchfluß beträgt unterirdisch bei Niedrigwasser 11 Liter in der Sekunde, bei Hochwasser steigt er bis zu 30 Kubikmeter pro Sekunde an. Dann können die Siphone in der Höhle die Wassermassen nicht mehr schlucken, sie stauen sich zu einem malerischen See an, der aber nach wenigen Tagen wieder verschwindet.

Das Fließwasser der Pivka ist, wie bereits gesagt, für die Entstehung des riesigen Gangnetzes des Höhlensystems von Postojna von großer Bedeutung. Das Wasser erweiterte die Schichtfugen mit Schlamm, Sand und Rollsteinen, ebenso die Spalten und Brüche, und gestaltete sie zu Gängen um. Da es sich immer tiefer arbeitete, wurden die oberen Gänge trockengelegt. Diese Gänge erreichen eine Höhe von zehn und mehr Meter; sie verengen sich meist nach oben zu. Am geräumigsten sind die Gänge, die am längsten vom Wasser durchflossen wurden, etwa in der Höhle von Otok und in den alten Höhlenteilen der Höhle von Postojna. Im Tropfsteinteil der Höhle schuf der einstige Wasserlauf ein ziemlich gleichmäßiges Gefälle von 4,5 Prozent. Dadurch konnte die erste Höhlenbahn der Welt für Besucher verlegt werden.

Aus mächtigen Kalkschichten der oberen Kreide, also aus der Zeit des Mittelalters der Erdgeschichte vor 65 bis 135 Millionen Jahren, bestehen die vorderen Teile der Höhle. Sie entstanden hauptsächlich aus den Kalkgehäusen abgestorbener Meerestiere und Muscheln, die am Grund einstiger Meere vor 70 bis 100 Millionen Jahren abgelagert wurden. Bis zum sogenannten Großen Berg hin haben sich die Gänge – aufgrund der bereits genannten Verschiebungen, Auffaltungen und Schrumpfungen der Erdrinde – von Nordwesten nach Südosten entwickelt. Ab hier treten Einschlüsse von härteren Gesteinen, den sogenannten Hornsteinen, auf, die widerstandsfähiger sind. Die Pivka konnte dort deshalb nur engere und niedrigere Gänge ausarbeiten. Oberhalb des Höhleneingangs kann man in der Steilwand eine Verwerfung quer zur Richtung der Nordwest-Südost-Schichtung beobachten.

Die Höhle von Postojna weist in der Hauptsache zwei Gangsysteme auf. Die obere, trockene, für den Tourismus erschlossene Höhle und den unterirdischen, für den Besucher unzugänglichen Wasserlauf. Der Höhenunterschied beträgt bei der Eingangsschwinde zwischen den beiden Stockwerken 18,5 Meter, er verringert sich, je weiter wir in die Schauhöhle eindringen.

Diese Höhle ist wegen ihres herrlichen Tropfsteinschmucks weit über die Grenzen von Jugoslawien hinaus bekannt, und in ihr begeistert den Besucher eine Besonderheit: Es gibt viel mehr Bodenzapfen (Auftropfsteine, Stalagmiten) als Deckenzapfen (Abtropfsteine, Stalaktiten).

Hier ist folgendes allgemein anzumerken: Eine Höhle kann man mit einem Lebewesen vergleichen. Wenn Wasser sie durchfließt oder sie benetzt, dann wächst und vergrößert sie sich. In aktiven Wasserhöhlen sind Tropfsteine selten, zumindest aber sehr oft verschmutzt, da sie immer wieder von trüben Hochwässern überspült werden. Einen Reichtum an Tropfsteinen beginnen die Höhlen erst auszubilden, wenn sie altern, das heißt, wenn das fließende Wasser die Gänge verläßt, nur noch Sickerwasser das Gestein benetzt und sich die Räume mit Verbruchschutt, Lehmablagerungen und tropfsteinbildendem Sinter anfüllen. Am anziehendsten für

◁ *Durch Gesteinsverschiebungen gebrochene Sinterbildungen in der Adelsberger Grotte.*

Die zweigleisige ▷ elektrische, aus 25 offenen Wägen bestehende Höhlenbahn befördert täglich über 10 000 Besucher (Hauptsaison). Die Postojna feierte 1978 ihr 160jähriges Jubiläum als Schauhöhle und erwartete den 15millionsten Besucher.

6

Die dem großen System der Höhle von Postojna angehörende Höhle von Otok wurde 1884 entdeckt. Sie ist 600 Meter lang und besitzt trotz vieler Plünderungen noch einen reichen Tropfsteinschmuck.

Touristen sind dann die mit eigenartigen Sinterformen und Färbungen ausgestatteten Höhlen.
Die Stalagmiten sind meist breit und behäbig, denn das von der Decke herabtropfende Wasser zerstiebt; sie sind um so größer, je stärker die Wasserzufuhr ist und je höher die Decke liegt. Die Stalaktiten hingegen sind lanzenförmig. Eine Tropfsteinsäule entsteht, wenn beide Gebilde zusammenwachsen. Forschungen und Analysen in den Höhlen von Postojna ergaben, daß ein Liter Sickerwasser 200 Milligramm aufgelösten Kalk enthält. An Hand dreier verschiedener Tropfsteinformen wurde festgestellt, daß sich jährlich eine Sintermenge von 0,2 bis zu 2 Kilogramm ablagert. Man berechnete das Alter der Tropfsteine auf 16 000 bis 192 000 Jahre. An Hand von Sinterproben und einer Analyse der radioaktiven Stoffe im Sinter wurde festgestellt, daß die schlanken weißen Stalagmiten in je 100 Jahren um 7 bis 13 Millimeter wuchsen und damit in die Zeit des letzten Würmeisstoßes einzuordnen sind. Für das Alter der Tropfsteine kann kein absolutes, einheitliches Maß bestimmt werden, weil die Ursachen, die das Wachstum beeinflussen, von Fall zu Fall verschieden sind.
Nicht nur der märchenhaften Schönheit ihrer Tropfsteine hat die Höhle von Postojna ihren Besucherstrom zu verdanken, sondern auch ihrer günstigen Verkehrslage an einer Straße, auf der jedes Jahr Hunderttausende von Touristen nach dem Süden fahren.
Im Höhlenverwaltungsgebäude erstehen wir die Eintrittskarten, legen das nicht nötige Gepäck und auch den Fotoapparat ab, da das Fotografieren verboten ist. Wir besteigen die von einer akkubetriebenen Lokomotive gesteuerte und aus 25 Wagen bestehende Höhlenbahn. In der Saison verkehrt die Bahn jede halbe Stunde und kann trotzdem die tägliche Besuchermenge von über 8000 Menschen kaum bewältigen! An der Endstation der Bahn, die den Besucher langsam an interessanten Teilen der Höhle vorbeifährt, warten bereits die Führer, die die einzelnen Sprachgruppen übernehmen und auf einem Rundgang die Sehenswürdigkeiten erklären. Dieser Rundgang führt schließlich zum 100 Meter langen »Bahnsteig« hinunter, von dem aus die Höhlenbahn die Besucher zum Höhlenausgang zurückbringt. Bei dieser Rückfahrt sehen wir nach der Durchfahrung einer 450 Meter langen, in den gewachsenen Stein gehauenen Schleife die Schönheiten des mit dem Zug bei der Einfahrt zurückgelegten Wegs von der anderen Seite. Bei einer Biegung vernehmen wir das Rauschen der tief unter uns höhleneinwärts fließenden Pivka. Wir befinden uns wieder im 120 Meter langen, 50 Meter breiten und 33 Meter hohen »Großen Dom«, der wegen der Kriegseinwirkungen keinerlei Tropfsteinschmuck, sondern nur mehr kahle, verrußte Wände aufweisen kann. An der Endstation erblicken wir rechts noch die »Namenshalle« mit größtenteils schon verwischten Unterschriften von Besuchern, die bis zum Anfang des 13. Jahrhunderts zurückreichen. Nach wenigen Schritten erreichen wir den Ausgang, wo uns das blendende Tageslicht empfängt, an das wir uns nur allmählich wieder gewöhnen. Wir haben in der Höhle einen 5 Kilometer langen Weg zurückgelegt, dabei aber nur einen Teil des großen Tropfsteinreichtums der Höhle gesehen. Um ein klares Gesamtbild dieser einzigartigen Höhle zu erhalten, darf man schließlich auch den »Bunten Gang«, die »Kleinen Höhlen« und den »Tartarus« nicht unerwähnt lassen.

Pivka- und Schwarze Höhle

Die Straße zur Pivkahöhle führt an der Höhle von Postojna vorbei zum Dorf Veliki Otok und weiter zum Campingplatz bei der Pivkahöhle mit eingerichteten Zeltplatz-Bungalows und Restaurant. Im Gasthaus ist ständig ein Führer anwesend, der mehrmals täglich die Touristen durch die Pivka- und durch die Schwarze Höhle führt. Bei Tag wie auch abends bei Bogenlampenbeleuchtung hat man von einer Aussichtswarte einen guten Einblick in den 60 Meter tiefen Einbruchkessel, auf dessen Grund die unterirdische Pivka dahinströmt. Der Siphon der Pivka liegt nur 150 Meter von der Brücke entfernt in einem abgeschlossenen Raum mit senkrechten Felswänden und einem 10 Meter tiefen Siphonsee. Färbeversuche ergaben, daß das Wasser 15 Stunden benötigt, um die Strecke von 2050 Meter vom Siphon der Piv-

Die Resavske pecine in Serbien wurde 1895 erstmals begangen, doch die Erforschung begann erst 1962. Bisher konnten in 3 Etagen 2830 Meter erforscht werden. Ihr überaus reicher Sinterschmuck ist von weißlicher bis rötlicher Färbung. Die großen Säulen im Hauptgang sind durch Erdbeben gesprungen.

kahöhle bis zum Zuflußsiphon im Pivkaarm der Höhle von Planina zurückzulegen. Die Außenluft in der Höhle ist im Winter kälter als das Wasser der Pivka, dadurch entsteht oftmals starker Nebel. Im Sommer ist die Pivkahöhle wärmer als die Schwarze Höhle, denn das Flußwasser der Pivka ist um 5 bis 10°C wärmer als die Höhlenluft in der Schwarzen Höhle. Ein 75 Meter langer künstlicher Stollen, der jenseits der eisernen Türe beginnt, verbindet die Pivkahöhle mit dem »Labyrinth« der zusammenhängenden Gänge der Schwarzen Höhle, deren Name darauf zurückzuführen ist, daß eine schwarze Schicht die Tropfsteine und die Wände überzogen hat. Die 3 Kilometer lange Schwarze Höhle ist ein sogenannter hydrographischer Knotenpunkt: Hier vereinigen sich verschiedene Höhlenbäche. Die Höhle weist eine trockene obere und eine wasserführende untere Etage auf, die beide vom »Großen Saal« aus besucht werden können. In den Gewässern der »Schwarzen Grotte« ist der Grottenolm zu Hause. Vom Rand der Plattform des »Großen Saals« aus kann man die Richtung der verschiedenen Gänge erkennen. Über eine Treppe erreichen wir den Grund eines Einbruchkessels und gelangen nach einem Spaziergang von 15 Minuten zum Ausgangspunkt zurück.

Eine weitere Höhle des Systems der Höhlen von Postojna ist die »Höhle von Otok«, die 1889 von Bewohnern des Dorfes Veliki Otok im Talabschluß des Blindtals Risnik entdeckt wurde. Bei Niedrigwasser kann sie auch nach 1200 Meter unterirdischer Bootsfahrt erreicht werden. Durch einen Versturz wurde vorzeiten die Verbindung mit dem »Tartarusgang« der Höhle von Postojna unterbrochen. In ihrem oberen Stockwerk, das riesige Räume aufweist, ist reicher Sinterschmuck vorhanden. Die Höhle der unterirdischen Pivka ist für Touristen wenig interessant, sie setzt sich durch den verstürzten »Marteldom« noch 2500 Meter weit nach Norden fort. Diese Strecke besteht aus dunklen, schlammigen und schmucklosen Räumen und endet an ungangbaren Siphonen.

Nur etwa 8 Kilometer von Postojna entfernt liegt das umfangreiche Höhlensystem von Predjama. Es breitet sich in 5 Etagen unterirdisch aus und ist über 6 Kilometer lang.

Der Höhlenführer Lukas Cec fing 1831 auf dem Großen Berg der Höhle von Postojna den ersten Höhlenkäfer. Damals glaubte die Wissenschaft noch, daß es in den Höhlen kein Leben gibt. Von dem Naturforscher F. Schmid bekam er den lateinischen Namen Leptodirus Hohenwarti. Man glaubte, daß dieser Käfer sehr selten sei; inzwischen weiß man, daß er im Dinarischen Karst südwärts bis zum mittleren Velebit verbreitet ist. Schmid fand außerdem noch den ersten Höhlenspringkäfer, den ersten Höhlenpseudoskorpion, die erste Höhlenassel und den ersten Höhlenflohkrebs. Die erste Höhlenspinne wurde in der Mitte des vorigen Jahrhunderts beschrieben. Auf Grund dieser Funde kamen bekannte Insektenforscher (Entomologen) aus allen Ländern, die sich für die Höhlenfauna interessierten; damit wurde die Höhle von Postojna zur Wiege der biologischen Höhlenkunde (Biospeläologie). Sie gab den Ansporn zur Erforschung der Höhlenfauna in anderen Ländern. Die Höhlentiere werden in drei Gruppen eingeteilt: in die der Troglobionten, die nur in Höhlen leben, der Troglophilen, welche die Höhlen mit Vorliebe aufsuchen, und der Trogloxen, die durch Zufall in die Höhlen gelangen. Der Grottenolm (Proteus anguinus) ist von den echten Höhlentieren am bekanntesten. Er wurde 1768 in der Quelle Vir bei Sticna gefunden und beschrieben. 1797 fand man ihn in der Schwarzen Höhle. Dieses Höhlentier wurde Gegenstand gründlicher Studien: In weit zurückliegender geologischer Vorzeit zog sich der Grottenolm in die Unterwelt zurück und verlor allmählich das Augenlicht. Im Wasser atmet der Proteus mit Kiemen, über Wasser aber mit der Lunge, einem einfachen Bälgchen. Über die Fortpflanzung der Grottenolme zerbrachen sich die Gelehrten ein Jahrhundert lang die Köpfe: Sie vermehren sich durch Eier, können aber auch lebende Junge gebären. Bisher noch unbekannte Faktoren entscheiden jeweils über die Art der Fortpflanzung. 1968 wurde eine Liste der Fauna der Höhle veröffentlicht (E. Pretner), die 132 Arten enthält, 37 davon sind anhand von Exemplaren aus dem Höhlensystem von Postojna beschrieben. Nur mehr im »Bunten Gang«, in der wasserführenden Etage der Pivkahöhle und in der Schwarzen Höhle leben echte Höhlentiere.

Die oberste Etage der Resavske pecine ist trocken, die mittleren Gänge werden noch zeitweise von Wasser durchflossen, das unterste System ist ständig von Wasser durchflutet. Gang in der obersten Etage.

Resavske pecine

Das obere Tal der Resava (Gornja Resava) ist gebirgig, mit Schluchten und Flüssen; in den Buchenwäldern kommen Rehe, Füchse, Hasen und Wildschweine vor. Geologisch baut sich das Gebiet der Gornja Resava in Serbien aus verschiedenen Gesteinen auf. Die unterste Schicht besteht aus wasserundurchlässigem Schiefer, auf dem Kalke lagern. Sie sind sehr stark zerklüftet und leiten das Oberflächenwasser sehr rasch bis zur wasserundurchlässigen Schieferschicht hinunter, auf der es unterirdisch dem Meer zufließt. Von den 300 bisher bekannten Höhlen in diesem Gebiet ist die Resavske pecine die bekannteste Höhle. Sie liegt im Kalkmassiv der Babina Glava, eines Ausläufers des Berges Beljanica. Der Höhleneingang liegt 485 Meter über dem Meeresspiegel. Die Höhle ist bei den Einheimischen schon sehr lange bekannt. Die erste Begehung des eingangsnahen Teils erfolgte 1895 durch Jovan Cvijic. Mit der Erforschung wurde erst 1962 begonnen; bisher konnten 2830 Meter erforscht werden. In der Höhle sind trockene Gänge im höheren Niveau, sogenannte teilaktive Gänge in der mittleren Zone, in denen Wasser nur zeitweise anzutreffen ist, und aktive, ständig von Wasser durchflossene Höhlenräume in der untersten Etage anzutreffen. Die 60 Meter lange, 30 Meter breite und 15 Meter hohe Eingangshalle, deren Decke mit blaugrünen Algen und Moos bedeckt ist, weist an der rechten Seite gewaltige Sintersäulen auf. Wie Funde beweisen, hat in diesem großen, vom Tageslicht teilweise erhellten Raum der Mensch der Eiszeit gelebt. Der nach innen abfallende Hauptgang erstreckt sich nach Osten. Die dicken Säulen, die diesen Gang zieren, sind durch Erdbebenstöße vielfach gesprungen. Sie sind aber durch Sinter wieder zusammengewachsen. Die Decke schmücken zahlreiche Stalaktiten und Vorhänge, die Wände sind von einer weißgelben Sinterschicht überzogen. Die Decke der anschließenden Halle ist von einem Wald von weißen, dünnen Sinterröhrchen (Spaghettiröhrchen) bedeckt, an deren unteren Enden Wassertropfen hängen, die den nötigen Kalknachschub für das weitere Wachstum mitbringen. Diese weißen Sinterröhrchen bilden einen schönen Kontrast zu der dunklen Höhlendecke, die an anderen Stellen von weißen, kristallinen Ablagerungen geschmückt ist. Die weißen Stalagmiten sind jedoch von dunklen Kristallen bedeckt. Ein in die Tiefe führender Gang endet in einer runden Halle, deren Decke viele Risse aufweist, aus denen gekräuselte Vorhänge herunterhängen. Am Beginn des folgenden Ganges stehen zwei auskristallisierte Sintersäulen, die »Baba« und »Deda« (»Alter und Alte«) genannt werden. Eine 20 Meter tiefer als der Hauptgang liegende Galerie wird durch Sinterwände in mehrere Hallen unterteilt. Zwischen »Haupthalle«, »Säulenhalle« und »Korallenkanal« stehen aus Tropfsteinsäulen zusammengesetzte 30 Meter hohe Wände. Diese Säulen sehen aus wie Pagoden mit rötlichen und weißen Dächern aus Kristall. In der 66 Meter langen, 40 Meter breiten und 28 Meter hohen »Säulenhalle« stehen an drei Seiten hohe Säulen. Unter ihnen dominiert eine mit roten und weißen Kristallen bedeckte 12 Meter hohe Säule, die »Mutter mit Kind« genannt wird. Stufenförmige Sinterbecken bedecken den südlichen Teil der Halle, darüber hängen schöne Sintervorhänge. Der Boden des »Korallenkanals« ist mit Tonschichten bedeckt, an den Wänden hängen schwarze, traubenähnliche Gebilde, die eine Kuriosität darstellen. Vermutlich entstehen derartige Trauben unter dem Einfluß verschiedener Luftströme. Drei zusammengewachsene, alleinstehende Säulen mit weißen und rötlichen Ablagerungen, genannt »Familie Tarana«, sind das Schmuckstück der zuletzt entdeckten »Bobanovahalle«.

Die Resavske pecine ist als außergewöhnliche Naturseltenheit unter Denkmalschutz gestellt worden.

Bei dieser Gelegenheit soll noch darauf hingewiesen werden, daß das Betreten der jugoslawischen Höhlen ohne einheimische Führer sowie das Entnehmen von Tropfsteinen und sonstigem Höhleninhalt verboten ist. Bei Übertretung dieses Verbots muß man mit schwerer Strafe rechnen.

Wichtiges: Bei der Resavske pecine befinden sich für Unterkunft und Verpflegung die Motels/Restaurants »Screcno« und »Toplice«. In der Nähe der Höhle liegen die sehenswerten Klöster »Manasia« (die Kirche ist eine der am besten erhaltenen Serbiens) und »Ravanica«.

Die Höhlen Ungarns

Von den 400 Meter Länge der Tapolcaer Seehöhle werden 180 Meter mit dem Boot zurückgelegt. Die Seehöhle wurde 1902 entdeckt, 1913 als Schauhöhle eröffnet und 1928 elektrifiziert.

Seite 28 Ein Teil des Führungswegs durch das Aggteleker Höhlensystem. Wer die 23,5 Kilometer lange Höhle in einigermaßen natürlichem Zustand kennenlernen will, dem sei die große, 5 bis 6 Stunden dauernde Führung empfohlen.

In Ungarn wurden seit dem Ende des Zweiten Weltkriegs durch methodisch durchdachte, systematische Suche zahlreiche Höhlen gefunden. Der nordungarische Karst an der Grenze gegen die Tschechoslowakei weist ausgedehnte, tropfsteinreiche, mehr oder minder horizontal verlaufende Höhlensysteme auf, in deren tiefsten Etagen ständig Gerinne fließen. In der großen ungarischen Tiefebene erheben sich einige Bergzüge: Das Mecsekgebirge bei Pécs (Fünfkirchen), am Plattensee die Randgebiete des Bakonywaldes mit der Seehöhle von Tapolca und die Berge der Stadt Budapest sind als Höhlengebiete bekannt. Im Bükkgebirge liegt die Leträstetoi barlang, mit 166 Meter Tiefe die tiefste Höhle Ungarns. Höhlensedimente größerer Mächtigkeit aus dem Eiszeitalter, mit paläontologischen und prähistorischen Einflüssen, weisen viele Höhlen und Halbhöhlen Ungarns auf.

Von den ungarischen Höhlen wurden zehn als Schauhöhlen ausgebaut, etwa die Szemlöhegyer Höhle und die Burghöhle, beide in Budapest, und andere, wovon zwei hier vorgestellt werden.

Tapolcaer Seehöhle

Der innerhalb des Stadtgebiets von Tapolca liegende Eingang zur Höhle ist unter »Kisfaludy utca 6« zu finden und vom Bahnhof aus zu Fuß oder mit dem Autobus erreichbar. Die Seehöhle ist in dem horizontal geschichteten sarmatischen Kalkstein entstanden, auf dem die Siedlung Tapolca erbaut wurde. Durch die am Ende des Tertiärs vor sich gegangenen Bewegungen der Erdkruste zerbröckelte diese Kalksteinschicht, das Wasser drang in die entstandenen Risse ein und suchte sich unterirdisch seinen Weg. Die höhlengestaltenden Kräfte nahmen zu, als im Eiszeitalter auch die unterirdischen Wässer hierher gelenkt wurden. Das Einzugsgebiet der höhlenbildenden Wasserläufe ist der nördlich anstehende wasserdurchlässige Dolomit. Der hier versickernde Niederschlag bricht 200 Meter von der Höhle entfernt in den Quellen des Mühlenteichs wieder hervor. Die Quelle ist eine der größten Karstquellen Ungarns, ihre mittlere Schüttung beträgt 22 Kubikmeter in der Minute. Eine nicht passierbare Verbindung besteht zwischen dem Mühlenteich und dem Höhlenteich.

Eine weitere Besonderheit der Höhle ist eine Fischart, eine den Höhlenverhältnissen angepaßte Form der Elritze. Sie unterscheidet sich von ihren in den Oberflächenwässern lebenden Artgenossen nicht nur in der Größe, sondern auch in biologischer Hinsicht und erhielt den wissenschaftlichen Namen Phoxinus phoxinus. Offensichtlich gelangten diese Fische aus dem Mühlenteich in die Höhle. Bei der Besichtigung der Höhle sieht man sie vom Boot aus in kleineren oder größeren Schwärmen im kristallklaren Wasser des Höhlenteiches herumschwimmen. Die Wassertemperatur beträgt 18,5° C, da sich dem aus der Tiefe hervorbrechenden Wasser der Warmquellen kaltes, aus dem Norden kommendes Karstwasser beimischt. Zwischen 0,5 und 4,5 Meter schwankt die Tiefe des Teichs. 1902 wurde beim Ausheben eines Brunnens die Höhle entdeckt und war zehn Jahre lang nur durch diesen Brunnen zugänglich. Begeisterte Einwohner der Stadt gründeten eine Höhlengesellschaft, die 1913 den gegenwärtigen Eingang bauen ließ. Ein Novum für Ungarn war die elektrische Beleuchtung, die 1928 installiert wurde. Der die einzelnen Teiche voneinander trennende Schutt wurde 1938 entfernt. Ein 25 Meter langer künstlicher Stollen, der sich für die Bootsfahrt eignet, schuf die Voraussetzung für einen Rundgang. Mit der Erforschung der unter Wasser liegenden Gänge wurde 1957 begonnen. Die mehrere Jahre lang durchgeführten Tauchunternehmen führten zur Entdeckung eines weiteren, 400 Meter langen Ganges.

Ein künstlicher Eingang mit 74 Stufen bringt uns in die Höhle. Der folgende, 100 Meter lange trockene Abschnitt endet an der Bootsanlegestelle, von der aus die 180 Meter lange Rundfahrt beginnt. Die Höhle ist durchwegs beleuchtet, wobei mit Unterwasserscheinwerfern besondere Effekte erzielt werden.

Besichtigungszeiten der Höhle: vom 1. Mai bis 30. September, jeweils von 8 bis 17.30 Uhr, und zwischen 1. Oktober und 30. April von 8 bis 16.30 Uhr. Eintrittspreise für Erwachsene 5 Forint, mit Bootsfahrt 10 Forint. Kinder bezahlen 3 Forint, mit Bootsfahrt 8 Forint.

Wie alle eigenartigen Tropfsteinformen hat auch diese ihren Namen erhalten: der »Drachenkopf« in der Aggteleker Höhle.

Seite 29 Das Aggteleker Höhlensystem zählt zu den schönsten in Europa. Auch bei den kleinen Führungen kann man bereits gewaltige Eindrücke erhalten.

Das Aggteleker Höhlengebiet

Im Norden Ungarns liegt das Höhlengebiet von Aggtelek mit über 40 Kilometer bekannter Höhlengänge. Es wird östlich vom Tal des Bódvaflusses, nördlich und westlich von der ungarisch-tschechoslowakischen Landesgrenze gesäumt. Nur im geologischen Sinn ist südlich die Abgrenzung festzustellen, dort, wo das aus Triaskalken aufgebaute, verkarstete Hochplateau und Hügelland südlich von Aggtelek und Josvafö in eine tertiäre, nicht verkarstete Hochfläche übergeht. Das hauptsächlich Plateaucharakter aufweisende Gebiet ist der südliche Ausläufer des sogenannten Gömör-Szepeser Erzgebirges. Es wird östlich von den tiefen Einschnitten des Bódva-, Josva- und Menestals angezapft. Der auf die verkarstete Hochfläche des Höhlengebiets fallende Niederschlag versickert und tritt in Form ergiebiger Quellen zutage. Aus dem südlich vorgelagerten, nicht verkarsteten Gebiet, dessen Oberflächengewässer — an der Kalkzone angelangt — durch Wasserschwinden in die Tiefe versinken, kommt ein großer Teil des höhlenbildenden Wassers.

Mit 23,5 Kilometer ist die Aggteleker Höhle die größte Höhle des Gebiets, gefolgt von der 1952 entdeckten, über 7 Kilometer langen Friedenshöhle. An dritter Stelle liegt mit bisher 2 Kilometer Länge die Freiheitshöhle bei der Gemeinde Ergerszög, südöstlich von Josvafö. Nördlich von Josvafö wurde die vorläufig auf 1 Kilometer Länge erforschte Vass-Imre-Höhle entdeckt. Eine weitere, die fünfte große Höhle, wurde bei Josvafö anläßlich der Sprengung eines Stollens bei der Tohonya-Quelle gefunden. In allen der genannten Höhlen sind aktive Flußläufe vorhanden, die bei den von den Niederschlagsmengen abhängigen Quellen zutage treten. Die Höhlen sowie ein großer Teil des Gebiets stehen unter Naturschutz und werden vom Landesrat für Naturschutz betreut. Das Höhlensystem von Aggtelek weist drei voneinander gut unterscheidbare Etagen auf. Das heute nicht mehr aktive oberste Geschoß nimmt an der Entwässerung nicht mehr teil. Der Bach Styx fließt mit mehreren Verästelungen, 11 bis 15 Meter unter dem oberen Geschoß, in der mittleren Etage. Nach größeren Niederschlägen oder bei Schneeschmelze führt der Styx bedeutende Wassermengen, die sich über Wasserschlinger in das unterste Höhlensystem ergießen. Der Bach versiegt bei länger anhaltenden Trockenperioden gänzlich. Eine ständige Wasserführung ist in der untersten Etage vorhanden, sie speist die nie versagende Josvaquelle bei Josvafö, am östlichen Fuß des Kalkmassivs. Die unterschiedlichen Geschosse verdanken ihre Entstehung zum Teil der fortschreitenden Einschneidung der Täler und damit einer Senkung der Vorflut, zum Teil der steigenden Bewegung des Sziliceer Kalkmassivs.

Die größten Dimensionen weist die oberste Etage auf, sie war der höhlenbildenden Kraft des Wassers am längsten ausgesetzt. Bis zu 60 Meter beträgt die Breite der Gänge und Hallen. Der Verlauf der obersten Etage deckt sich nicht immer mit der darunterliegenden mittleren Etage. Mächtige Einbrüche entstanden dort, wo sich die oberen und die mittleren Stockwerke kreuzen, und es bildeten sich dadurch bis zu 80 Meter hohe Räume. Noch in der Entwicklung und größtenteils nur für Wasser passierbar ist der unterste Höhlengang. Der Einstieg in das außerordentlich enge Spaltensystem gelang nur bei einigen sogenannten Wasserschlingern; es konnten bisher aber nur kürzere Strecken erforscht werden.

Die größten oberirdischen Wasserschlinger entstanden dort, wo die wasserundurchlässige tertiäre Oberfläche am Kalk angrenzt. Auf dieser undurchlässigen, mit Quarzkiesel durchsetzten Lehmschicht sammelt sich der Niederschlag zu kurzen Wasserläufen, die bei den Wasserschlingern verschwinden und als unterirdische Gerinne weiterfließen. Bei Schneeschmelze oder bei größeren Niederschlagsmengen reißen die Wassermassen eine große Menge Quarzkiesel in die Höhle. Diese Quarzkiesel sind bedeutend härter als Kalk und tragen viel zur Auswaschung (Erodierung) der gewaltigen Hohlräume bei.

Aggteleker Tropfsteinhöhle

Schon in prähistorischer Zeit wurde die Höhle von Menschen der jüngeren Steinzeit aufgesucht und zeitweise auch be-

Bei der kleinen, von Aggtelek ausgehenden Führung folgt der Weg dem Höhlenbach Acheron. Dabei kommt man an schönen Sinterpartien vorbei zum »Konzertsaal«, »Tanzsaal«, einem 300 Meter langen See und zur »Aussichtskanzel« und »Fledermaushalle« (prähistorische Funde).

wohnt. Im »Knochenhaus«, dem ersten größeren Raum der Höhle, wurden 13 Skelette mit Beigaben gefunden. Die mit einzigartigem Kunstsinn verzierten Tonscherben gehören zum größten Teil der sogenannten Bükker Kultur der jüngeren Steinzeit an. Für die Funde in der Aggteleker Höhle und in den Höhlen des Bükkgebirges ist diese Kultur charakteristisch. Ein besonders wertvolles, unversehrtes Gefäß fand man an schwer zugänglicher Stelle nahe einer Tropfwasserlache. Im Lauf von Jahrtausenden wurde es mit einer Tropfsteinschicht überzogen, unter der die Verzierungen noch deutlich erkennbar sind. Mit einer Art Kamm war das noch ungebrannte Tongefäß mit parallelen Linien in W-Form, mit Wellenlinien und Mäandern so kunstvoll verziert worden, daß kaum Ähnliches zu finden ist. Die mit Ruß geschwärzten Flächen scheinen dann noch geschliffen worden zu sein. In der Höhle fand man weiter noch Werkzeuge aus Knochen und Feuersteinen sowie Handmahlsteine, wie man sie auch heute noch bei primitiven Völkern Australiens und Afrikas antrifft. Im Lehmboden sind an mehreren Stellen rotgebrannte Spuren von Lagerfeuern und die Löcher zugespitzter Holzpfähle zu sehen. Auch an den Menschen der Bronzezeit und der sogenannten Hallstätter Kultur erinnern verschiedene Funde. Zu erwähnen ist ein 150 Gramm schwerer Goldfund, 27 Goldringe verschiedener Größe. Vom prähistorischen Menschen, der wahrscheinlich nur die eingangsnahen Räume der Höhle aufsuchte, konnten bis auf etwa 200 Meter vom Eingang entfernt Spuren gefunden werden.

Wie schon erwähnt, fanden die ersten »Begehungen« der Höhle durch den Menschen in prähistorischer Vergangenheit statt. 1786 wurde die Aggteleker Höhle erstmals schriftlich erwähnt. Dem englischen Forschungsreisenden Robert Townson verdanken wir die erste ausführliche Beschreibung. Er besuchte die Höhle im Jahr 1793 und veröffentlichte den Bericht in seinem Werk »Travels in Hungary«. Die geodätische Vermessung wurde 1801 vom Komitatsingenieur Kristian Raisz begonnen. Er vermaß den damals bekannten Höhlenteil in der Länge von 850 »Wiener Klafter« (1 Klafter = 1,7 bis 1,9 Meter = 6 Fuß). Imre Vass, sein Nachfolger, versuchte 1821 weiter zu kommen, mußte aber auch wegen des hohen Wasserstands umkehren. Nach einer längeren Trockenperiode gelang es ihm 1825, die Fortsetzung des unterirdischen Bachs zu befahren und neue, kilometerlange Gänge zu entdecken und zu vermessen. In seinem im Jahr 1831 erschienenen, in deutscher und ungarischer Sprache geschriebenen Buch »Neue Beschreibung der Aggteleker Höhle Gömörer Komitats in Ungarn samt Grundriß, Durchschnitt und Situationsplan, sowohl der schon früher bekannten als auch deren im Jahre 1825 den 1. Juni entdeckten Höhlungen« sind die Neuentdeckungen ausführlich beschrieben. Das Buch ist heute ein Standardwerk der wissenschaftlichen Höhlenliteratur. Frühere Auffassungen vertraten die Ansicht, daß die Höhle durch vulkanisches Feuer aus dem Kalkstein ausgebrannt wurde. Demgegenüber vertritt Vass die Ansicht, daß die Entstehung der Höhle nur der korrodierenden (zernagenden, zerstörenden) und erodierenden (auswaschenden) Wirkung des Wassers zuzuschreiben ist. Er gibt auch eine genaue Beschreibung der Umgebung sowie eine ergreifende Schilderung seiner Versuche, die Fortsetzung der Höhle hinter dem »Eisernen Tor« zu entdecken. Erst am 1. Juni 1825 konnte er den 25 Klafter langen See überwinden, doch machte ihm der Gedanke eines möglichen Wettersturzes Sorgen. »Wehe dem, der jenseits dieses Strudels vom Wasser übereilt würde! Verzweiflung und sicherer Hungertod müßten sein Loos seyn. Darum hat nach der Entdeckung dieser Höhle das Löbliche Comitat Gömör einen Kahn hier machen lassen, dessen ich mich bei der Ausmessung der entferntesten Höhlen zur Überfahrt bediente.« Die Freude über die Schönheiten der neuentdeckten Höhlen spiegelt sich in seinen Worten: »Größere und kleinere glänzendweiße, an Pracht und Schönheit wetteifernde Säulen stehen da in großer Zahl, die samt den von oben herabhängenden Tropfsteinmassen, die früher gehabte Angst und jede Gefahr vergessen machen, den Menschen zur Bewunderung hinreißen und ihn zur standhaften Fortsetzung dieses unterirdischen Weges ermutigen und einladen. Selbst die Felswände scheinen wie von mit Edelsteinen durchwebten Vorhängen bedeckt«. Imre Vass hatte die Fortsetzung des unterirdischen Bachs bis an sein Ende unter den Trümmern

Beim Flug orientiert sich die Fledermaus nach dem Prinzip der Ultraschall-Echolotung. Sie stößt pro Sekunde etwa 200, für den Menschen unhörbare Töne aus, die von den als Schalltrichter »ausgebauten« Ohren wieder aufgefangen werden. In bekannten Räumen senden sie nur 25 Töne pro Sekunde aus.

eines Einsturzes im »Saal der Riesen« gefunden. Von hier aus nimmt der Bach seinen Weg durch unpassierbare enge Spalten bis zur ergiebigen Josvaquelle bei Josvafö. Etwa sechs Stunden erfordert der Besuch der Höhle bis an ihr Ende, die Rückkehr kann wegen Ermüdung etwas länger dauern. Der große Zeitaufwand und die damit verbundenen Schwierigkeiten führten zu der Notwendigkeit, einen zweiten künstlichen Eingang bis zum letzten Drittel der Höhle zu brechen. Eine Doline in der Nähe des »Roten Sees« war für die Anlage eines zweiten künstlichen Eingangs der geeignete Ansatzpunkt. Im Jahr 1890 wurde das von Bergrat Munich ausgearbeitete Projekt verwirklicht. Die Besucher der Höhle konnten durch diesen Stollen mit mehr als 200 Stufen ins Freie gelangen. Peter Kaffka gelang 1922 die Entdeckung der Fortsetzung aus dem »Saal der Riesen« beziehungsweise der »Hölle« in Richtung Josvafö. Durch den 1928 von Josvafö aus in die neuentdeckten Höhlenräume getriebenen Stollen wurde die Möglichkeit geschaffen, die ganze Höhle von Aggtelek bis Josvafö zu besichtigen und dort die Höhle zu verlassen.

Auf tschechoslowakischem Gebiet, nicht weit von der Landesgrenze, wurde 1926 die 7 Kilometer lange »Domica-Höhle« entdeckt. Schon lange waren ihre vorderen Gebiete bekannt, sie wurden in Beschreibungen des vorigen Jahrhunderts bereits erwähnt, allerdings nur, daß die Hallen besonders durch ihre Größe und ihren gotischen Stil auffielen. J. Majko entdeckte 1926 die Fortsetzung der bekannten Teile und stieß auf einen unterirdischen Bach, der in Richtung Ungarn floß. Dieser konnte aber nur bis zu einem Siphon erforscht werden, wo jedes weitere Vordringen unmöglich erschien. Bald nach der Entdeckung erleuchtete man die Höhle elektrisch und übergab sie dem Fremdenverkehr.

Nun tauchte eine letzte große Frage auf! Hingen diese beiden großen Höhlen zusammen und bildeten sie ein einziges riesiges Höhlensystem, eines der größten der Welt?

Imre Vass verfolgte den Ursprung des in der Aggteleker Höhle fließenden Bachs Styx bis zu einen Siphon, den er wegen der damaligen einfachen Ausrüstung nicht überwinden konnte. Er hielt jedoch die Fortsetzung der Höhle in dieser Richtung für möglich. Nach den Versuchen von Vass konnte der Bach sein Geheimnis noch hundert Jahre bewahren. Vom Akademischen Touristenverein, Budapest, wurden 1931 unter Leitung von Dr. Hubert Kessler die Versuche zur Überwindung des Siphons, leider zunächst erfolglos, wieder aufgenommen. Bei diesen Versuchen entdeckte man einen noch in prähistorischen Zeiten verschütteten Eingang am Ende des »Fledermausgangs«, durch den heute die Teilnehmer der kurzen Führungstour die Höhle verlassen. Eine noch besser ausgerüstete Forschungsexpedition wurde 1932 organisiert. Durch Anzapfung der wasserstauenden Kalksinterdämme senkte man den Wasserspiegel vor dem Siphon etwas. Dr. Hubert Kessler konnte am 21. August 1932 den nach der Wasserabsenkung nur mehr 6 Meter langen Siphon durchtauchen und jenseits des Siphons freie, große Hohlräume entdecken. Nach 1 Kilometer Ganglänge verschloß jedoch ein neuer tiefer Siphon den Weiterweg. Dieses bedeutend längere Hindernis wurde ebenfalls durchtaucht, und auf der anderen Seite fand man Aufzeichnungen tschechoslowakischer Höhlenforscher, die bis hierher von tschechischer Seite aus vorgedrungen waren. Damit war der Beweis erbracht, daß die beiden Riesenhöhlen zusammenhingen. Es gelang noch im gleichen Jahr, die Fortsetzung des längsten Seitengangs der Höhle, des »Rettigarmes«, bis zum Ende zu erforschen und die Länge des ganzen Aggteleker Höhlensystems mit über 22 Kilometer nachzuweisen. Zwei Jahre später wurde das System kartographisch aufgenommen und die unterirdische Landesgrenze festgelegt. Einen großen Teil der Höhle machte man für den Touristenverkehr zugänglich, er wurde mit Wegen, Stufen und Brücken versehen und elektrisch beleuchtet. Zwei kürzere Höhlenführungen beginnen bei den Haupteingängen bei Aggtelek und Josvafö; sie weisen keinerlei Schwierigkeiten auf und dauern jeweils 1 Stunde. Für die große Führungstour, die 5 bis 6 Stunden in Anspruch nimmt, ist etwas Ausdauer erwünscht. Bei den Sondertouren, die in die schönsten und unberührtesten Teile führen, sind Ausdauer und Klettergewandtheit Voraussetzung.

Nach einer interessanten Führung gelangen wir 6 Kilometer

Im 300 Meter langen Höhlensee der Aggteleker Tropfsteinhöhle spiegelt sich das gewaltige Gewölbe wieder. Der Weg führt am Ufer weiter entlang nach Josvafö.

vom Aggteleker Eingang entfernt zum »Saal der Riesen«, in dem der Styx unter mächtigen Felsblöcken verschwindet, um seinen unterirdischen Lauf in der untersten Etage des Höhlensystems zu den Riesenquellen bei Josvafö fortzusetzen. Wir sind damit an der Stelle angelangt, an der die kurze Führung endet. Wir setzen unseren Weg von Aggtelek nach Josvafö fort und kehren beim Touristenhotel von Josvafö nach einer zwar mühevollen, aber interessanten und abwechslungsreichen Wanderung wieder an die Oberwelt zurück. Unser Weg hatte uns durch eine unbekannte, schaurigschöne Welt der Sinterformationen, Felsenpässe, Säle und Gänge geführt.

In den letzten 30 Jahren baute man die Wege aus, errichtete Brücken, legte einen Stausee an, gestaltete den »Konzertsaal« aus und noch vieles andere mehr. Dadurch erhöhte sich die Besucherzahl rapid auf über 200 000 Personen jährlich.

Vom 1. April bis 31. Oktober kann die Höhle von 8.00 bis 18.00 Uhr und zwischen 1. November und 31. März von 8.00 bis 16.00 Uhr besichtigt werden. 1. Tour: Vom Aggteleker Eingang aus kann ein 21 Kilometer langer Abschnitt besichtigt werden. Die Führung dauert 20 Minuten. Die Gebühr für die kurze Tour beträgt 16 Forint, die für die mittlere Tour 20 Forint und für die Bootsfahrt 10 Forint.

2. Tour: Die beim Vöröstoer Eingang beginnende mittlere Tour endet beim Josvaföer Eingang. Die Länge der zu besichtigenden Höhlengänge beträgt 2 Kilometer. Führungsdauer 90 Minuten, die Gebühr für diese Tour beträgt 20 Forint. 3. Tour: Im Rahmen der am Josvaföer Eingang beginnenden sogenannten kurzen Tour wird ein 700 Meter langer Abschnitt der Höhle besichtigt. Die Führung beansprucht 60 Minuten, Gebühr für diese Tour: 12 Forint. 4. Tour: Die lange Tour beginnt in Aggtelek und endet in Josvafö. Zeitdauer mindestens 5 Stunden. Die Eintrittsgebühr beträgt 40 Forint pro Person, hinzu kommt noch die Führungsgebühr von 100 Forint pro Gruppe. 5. Tour: Aufgrund schriftlicher Voranmeldungen können Spezialtouren in einzelnen Seitengängen der Höhle gemacht werden. Bei diesen Touren beträgt die Eintrittsgebühr pro Person 100 Forint.

Der Bericht über das Aggteleker Höhlengebiet wäre nicht vollständig ohne Erwähnung und Beschreibung der Domica-Höhle:

Die Domica-Höhle läßt sich nur von der tschechoslowakischen Seite aus begehen. Ein künstlicher Stollen vermittelt den Eingang in die Höhle, er wurde unter dem natürlichen, nur mit Steighilfen befahrbaren Eingang in die Felsen gebrochen. Zahlreiche glänzend weiße, manchmal sogar durchscheinende Tropfsteinröhrchen fallen am Ende des Stollens auf. Man nennt sie den »Versteinerten Regen«. Eine Stätte unermeßlichen wissenschaftlichen Wertes ist der Saal »Elf Flammen«, den wir auf gut gebahnten Wegen erreichen. Im Lehmboden sind die rotgebrannten Spuren von elf Feuerstellen der jüngeren Steinzeit zu erkennen. Mehrere vollkommen erhaltene Tongefäße und Mahlsteine wurden neben den Feuerstellen gefunden, sie lagen nach 6000 Jahren noch so da, wie sie vom Höhlenbewohner zurückgelassen wurden. Die Wohnstätte blieb in voller Ursprünglichkeit erhalten. Ein kleiner Wasserlauf begleitet den Besucher zur Rechten bis zum gewaltigen »Gotischen Dom«; dort fließt er in den an dieser Stelle erscheinenden Styx. Boote bringen uns an das andere Ufer des unterirdischen Sees zu den wundervollen Kalksinterwannen der »Seen von Plitvice«. Es folgt ein zweiter, bedeutend längerer See, der zu dem 1932 entdeckten, von Siphonen versperrten Verbindungsgang und zum Höhlensystem von Aggtelek führt. Um in das sonderbare »Mysterium« zu gelangen, müssen wir zum »Gotischen Dom« zurück. Ein mit Sinter vollständig überzogenes, ganzes Tongefäß aus der jüngeren Steinzeit wurde hier gefunden. Mit Kienspan an die Wände gezeichnete Motive, die den Verzierungen der Gefäße ähneln, sind noch zu erkennen. Unberührte, schneeweiße, durchscheinende Tropfsteine spiegeln sich im kristallklaren Wasserlauf des »Jungferngangs«. Dieser Teil erfordert eine besondere Ausrüstung und Befähigung. Unser Weg geht aber zurück und führt uns an der »Trauerweide« vorbei zum »Palmenwald« mit seinen vielen Bäumen, Palmenstämmen und schlingpflanzenähnlichen Gebilden, vor denen wir staunend stehenbleiben. Aus dieser traumhaft schönen Unterwelt führt uns ein kurzer Stollen wieder an die Sonne zurück.

◁ Die bereits vor 4000 Jahren vom jungsteinzeitlichen Menschen bewohnte Domica-Höhle weist neben vielen einzigartigen Sintergebilden auch diese »Römische Bäder« genannten Sinterwannen im »Majek-Dom« auf. Ein Höhepunkt der Besichtigung ist die Bootsfahrt auf dem unterirdischen Styx.

In der Domica-Höhle. ▷
Auf große Räume folgen enge, vom Wasser erweiterte Klüfte.

Die Domicahöhle besitzt herrlichen Sinterschmuck, der zum Teil in vielen Farben und Formen die Hallen und Gänge schmückt.

Die Höhlen der Tschechoslowakei

Sehr günstige geologische Voraussetzungen für die Bildung von Höhlen weist die Tschechoslowakei auf, die verschiedenartige Höhlengebiete besitzt. Der Böhmische Karst liegt in den metamorphen Kalken der paläozoischen Schichtfolge (vor etwa 600 Millionen Jahren) der Böhmischen Masse. Nördlich von Brünn liegt der Mährische Karst, der in den Kalken des Oberdevon eine Ausdehnung von 100 Quadratkilometer hat. Die Erforschung der Höhlen in diesem Gebiet setzte bereits vor mehr als 200 Jahren ein. Der 138 Meter tiefe Abgrund der Macocha ist am bekanntesten. Etwa 1000 Höhlen sind im Bereich der Karpaten-Slowakei bekannt; im Liptauer Karst (Liptovskykras) 400 Quadratkilometer und im Slowakischen Karst (Slowenskykras) 800 Quadratkilometer. Die in der Niederen Tatra liegende Demänova-Höhle ist mit über 20 Kilometer Länge die längste Höhle der Tschechoslowakei.

Demänova-Höhlen

Die Slowakei ist ein Land der zauberhaften Höhlenwelt mit unterirdischen Flußläufen und einem verborgenen Reichtum an Tropfsteinbildungen. Es ist aber auch ein gebirgiges, an Naturschönheiten sehr reiches Land mit tiefen Tälern, klaren Flüssen und Bächen, blumenreichen Wiesen und dichten, duftenden Wäldern. Wer die Slowakei vor einem Jahrzehnt besucht hat, erkennt sie heute kaum wieder. Große Wasserstauwerke, neue Industrieanlagen, ein ausgedehnter Wohnungsbau sowie eine Sanierung der alten Stadtviertel haben das Gesicht der Slowakei stark verändert. Für den Naturschutz und für die Erhaltung wertvoller, künstlerischer Gedenkstätten wurden erhebliche Mittel aufgewendet, ebenso für die Erschließung der neu entdeckten Höhlen für die breite Öffentlichkeit und für die Forschungsarbeit der Höhlenforscher.

Zu den meistbesuchten Gebieten der Slowakei zählt das Demänovatal mit den weltbekannten Demänova-Tropfsteinhöhlen auf der Nordseite der Niederen Tatra. Das Bergstädtchen Liptovsky Mikulás an der Bahnstrecke Prag—Kaschau (Praha—Kosice) ist der Ausgangspunkt zum Demänovatal. Von dem Flüßchen Demänovka und seinen Nebenflüssen wurde das Demänovatal gestaltet. An den Nordhängen des Dumbir (2045 m), des Chobok (2022 m), der Derese (2003 m) und der Polana (1890 m) liegt das Quellgebiet der genannten Wasserläufe, von hier aus haben sie sich ihren Weg durch die Eismoränen nach Norden geschaffen. Diese Moränen stellen drei Rückgangsstadien der letzten Vereisung (Würmeiszeit) der Niederen Tatra dar. Durch mehrere Schlundlöcher verlieren sich die Wässer bei Eintritt in das Kalksteingebiet unter die Erde: die Demänovka auf dem Lucky-Plateau, ihr Nebenfluß Zadná voda (Hinterwasser) im Gebiet Repiská. Sie hinterlassen trockene, mit Granitschotter angefüllte trogartige Mulden, die zur Zeit der Schneeschmelze oder bei langanhaltenden Regenfällen Wasser führen, das unterirdisch die untersten Räume der Demänova-Tropfsteinhöhlen durchfließt und sich hier vereinigt. Die Demänovka bricht nach 4 Kilometer unterirdischen Laufes als mächtige Karststrudelquelle (Vyvieranje) mit einer Schüttung von 2000 bis 2500 Sekundenliter — 400 Meter nördlich der Björnsonhütte (Björnsonová chata) — an die Oberfläche durch. Nach ihrem Austritt aus dem Gebirge durchfließt die Demänovka ein typisches cañonartiges Tal mit zum Teil überhängenden Wänden. Bis zu ihrer Mündung in die Waag (Váh) bildet sie von ihrem Eintritt in den Liptauer Talkessel (Liptovská Kotlina) ausgedehnte Schotterterassen. Durch eine bunte geologische Zusammensetzung ist die Vielfalt der Bodenformen des Demänovatals bedingt. Der obere Teil des Tals hat sich im kristallinen Granitkern gebildet, hingegen besteht der untere Teil aus einer sedimentären Schichtengemeinschaft. Nur die Nordhänge des Dumbir, des Chobok und der Derese sind durch den Einfluß der pleistozänen Gletscher felsig und fallen steil in die Talkessel ab.

Konglomerate, Sandstein, Schiefer, Kalkstein, Dolomit, Mergel und andere: eine bunte Mischung verschiedener Gesteine stellt die sedimentäre Schichtengemeinschaft dar, die wegen ihrer unterschiedlichen Härte und Durchlässigkeit zur Bildung von Oberflächenformen in Gestalten von Türmen, Basteien, Ruinen und schroffen Hängen beigetragen hat.

Kalkstein und Dolomit des Mitteltrias wurden aus dem karpatischen Senkungsgebiet vom Süden in zwei Decken herangetragen; die untere dieser Decken baut das Demänovatal auf.

Die leichte Löslichkeit des Kalksteins sowie tektonische Sprünge, Spalten und Fugen in den Schichten haben den Prozeß ihrer Verkarstung beschleunigt. An äußeren Karstformen sind nur einige Schwemmdolinen am Plateau Lucky, einige Schlucklöcher und Karstquellen im Talgrund mit einer mächtigen Strudelquelle im Karstcañon im Demänovatal erwähnenswert. In vollem Ausmaß und typischen Formen hat sich der unterirdische Karst im Demänovatal entwickelt: Felslöcher, Kamine, unterirdische Kanäle, Säle, hohe Dome und ein ausgedehntes Netz von unterirdischen Flußläufen, Seen und Höhlengängen, geschmückt mit prächtigen Tropfsteingruppen und Partien unterschiedlicher Farben und Formen.

Rechts der Demänovka liegt der Hauptkern des Demänova-Höhlensystems. Er zieht sich vom Lucky-Plateau bis zur Mündung des Schwarzen Tals (Cierna dolinka) bei der Steinhütte (Kamenná chata), also in 5 Kilometer Entfernung, gerade dahin. Die Entwicklung der Höhlengänge wurde durch die erosive Basis, die für die Demänovka der Fluß Waag ist, beeinflußt. Im gleichen Maßstab wie der Fluß Waag vertiefte auch die Demänovka ihr Tal. Sie verließ die alten Schlundlöcher und damit auch die alten unterirdischen trogähnlichen Mulden und schuf sich neue, tiefer gelegene. Dadurch entstanden bis zu zehn untereinanderliegende Stockwerke. Zwischen dem höchstgelegenen und dem tiefsten dieser Stockwerke beträgt der Höhenunterschied etwa 150 Meter.

Nach den bisher durchgeführten Forschungen und Vermessungen erreicht das Höhlensystem von Demänova eine Länge von 20,5 Kilometer. Das unterirdische Labyrinth der Demänova-Höhlen bildet ein organisches Ganzes, die einzelnen Höhlenviertel erwecken wegen der unterschiedlichen Höhen und Lagen über dem Talgrund, aber auch, weil sie durch Flußablagerungen und Verstürze voneinander getrennt sind, den Eindruck selbständiger Höhlen. Von den 18 Grotten, die zur Zeit das System bilden, sind die »Freiheitshöhle«, die »Eishöhle« und die neuentdeckte »Friedenshöhle« am bedeutendsten.

Freiheitshöhle — Demänovská jaskyna Slobody

Diese Höhle wurde am 3. August 1921 von Alois Král entdeckt, als er durch das unterste Schlundloch der Demänovka bei der Björnsonhütte, das damals trockenlag, einstieg und durch einen niedrigen Wassergang in größere Räume gelangte. 1924 wurde die Höhle für die Öffentlichkeit zugänglich gemacht. Damals betrat man die Höhle durch den Alten Eingang (Stary vchod), der über dem Schlundloch der Entdecker (Objavny ponor) lag. Den jetzigen Eingang schuf man 1928 im Hang des Demänovkabergs und brach im Jahr 1933 den heutigen Ausgang aus der Höhle durch.

Von der letzten Bushaltestelle aus führt ein Spazierweg zum 1947 erbauten Berghotel (Horsky hotel) und zum Höhleneingang. Durch Tropfsteingänge steigt man zum unterirdischen Lauf der Demänovka 60 Meter tief hinunter. Hier unten sind die Gänge und Wände ohne jeden Sinterschmuck; wir sehen nur Erosionskalke und im Flußbecken des unterirdischen Wasserlaufs sowie an seinen Ufern Granitschotter und Sand. Die höheren und somit auch älteren Stockwerke tragen reichen Tropfsteinschmuck in allen Farben und Formen. Versteinerte, bis zu 60 Meter hohe Wasserfälle sieht man neben filigranartigen, spitzenähnlichen Gebilden, an der Decke hängen Tausende dünner, spitzverlaufender Stalaktiten, während am Boden dicke, kegelförmige Bodenzapfen stehen. Grünblaue Seen bedecken den Höhlenboden. Auf ihrer Oberfläche haben sich hauchdünne Sinterhäutchen gebildet, die an manchen Stellen kleine Rosetten bilden. In anderen Seen sehen wir unter Wasser entstandene spitze Kalzitkristalle, die Wände und Böden überziehen.

Die Freiheitshöhle ist eine während sechs Entwicklungsstadien entstandene Flußhöhle, deren Gesamtlänge 6,5 Kilometer beträgt. Für die Touristen sind 1,8 Kilometer zugänglich.

Dr. A. Droppa, einer der bekanntesten Höhlenforscher der Tschechoslowakei; ihm gelang unter anderem mit Srol und Revaj die Entdeckung der 6690 Meter langen Jaskyňa Mieru, der Friedenshöhle.

Die Demänovska-Eishöhle wird bereits 1299 erwähnt. Sie ist 1665 Meter lang, davon sind 680 Meter als Schauhöhle ausgebaut. Die Höhle weist das ganze Jahr über schöne Eisfiguren auf.

Eishöhle — Demänovská ladová jaskyna

Die Eishöhle befindet sich in der steilen Kalksteinklippe Bastei (Basta), welche sich über der Steinhütte (Kamenná chata) erhebt. Ihr Eingang liegt bei 840 Meter über dem Meeresspiegel an den Hängen des Tals Demänovská dolina in der Niederen Tatra (Nízké Tatry) und ist über einen Serpentinenweg erreichbar. Einen herrlichen Ausblick hat man von der Terrasse vor dem Höhleneingang auf das Karsttal der Demänovka und auf die Berge Chobok und Derese.

In alten lateinischen Schriften wird die Demänova-Eishöhle schon im Jahr 1299 erwähnt; sie gehört daher zu den ersten bekannten Höhlen Europas. Mathias Bél beschrieb sie 1723 zum ersten Mal.

Die Höhle besteht aus vier übereinanderliegenden Stockwerken.

Durch Verstopfung der unteren Partien wurde die Luftzirkulation unterbunden, dadurch nahm sie ihren heutigen statischen Charakter an. Im Winter gelangt kalte Außenluft durch die oberen Öffnungen in das Innere und drängt die leichtere erwärmte Luft hinaus. Die kalte Luft bleibt auch im Sommer in der Höhle, und so hält sich die Temperatur im Inneren während des ganzen Jahres unter dem Gefrierpunkt.

In den Frühjahrsmonaten ist die stärkste Eisbildung zu beobachten, wenn das Niederschlagswasser durch Risse und Spalten ins Innere eindringt und zu Eis gefriert.

Vom Eingang aus steigt man auf Holztreppen zu den tiefstgelegenen Teilen, dem »Großen Dom« und dem »Kmet Dom«, hinunter, die ständig vereist sind. Wir sehen hier Eisstalaktiten und Eisstalagmiten, gewaltige Eissäulen und gefrorene Wasserfälle. Die Dicke des Bodeneises beträgt 4 Meter. Die Eisbildung begann wahrscheinlich vor etwa 500 Jahren. In den oberen Teilen der Höhle ist reicher Tropfsteinschmuck anzutreffen, der zum Teil abgestorben und verwittert ist. Durch gewissenlose Besucher wurden an den leichter zugänglichen Teilen alle dünneren Tropfsteinverzierungen abgebrochen und abgeschlagen, wodurch die Höhle in ihrem Ansehen sehr gelitten hat. In der »Schwarzen Galerie« befindet sich an der versinterten Wand das Besucherbuch. Der »Bärengang« wurde wegen der Knochenfunde von Höhlenbären, die in der Höhle vor 15000 bis 20000 Jahren hausten, so benannt. Relativ hohe Dome von 25 bis 35 Meter Höhe sind typisch für diese Höhle.

Die Demänova-Eishöhle hat eine Gesamtlänge von 1665 Meter, wovon 680 Meter als Schauhöhle für die Touristen ausgebaut sind.

Führungen finden vom 15. Mai bis 15. September täglich von 8 bis 16 Uhr statt.

Interessant ist noch, daß nach der Ausschöpfung und Durchgrabung des »Seesiphons« im untersten Stockwerk der Eishöhle von Dr. Droppa, Srol und Revaj — Mitgliedern der Slowakischen speläologischen Gesellschaft — neue große Höhlenräume entdeckt wurden, die sie »Friedenshöhle« nannten.

Die Entdeckung der Höhle gelang im Jahr 1952. Damit war die Verbindung zwischen der Freiheitshöhle im südlichen Teil des Karstgebiets und der Demänova-Eishöhle im nördlichen Teil hergestellt. Die Friedenshöhle hat jetzt einen neuen künstlichen Eingang vom kleinen »Strudeltal« (dolinka Vyvierania) aus. Sie ist eine typische Flußhöhle mit ausgeprägten Flußformen. Die oberen Stockwerke weisen alten Tropfsteinschmuck auf, der von den Wänden und Decken sehr stark abbröckelt. Die 900 Meter lange »Rosengalerie« (Ruzová galeria) besitzt den reichsten und schönsten Tropfsteinschmuck mit bis zu 20 Meter hohen Tropfsteinsäulen von weiß-rosa, glänzend-frischen Farben.

Friedenshöhle — Jaskyna Mieru

Die Friedenshöhle übertrifft an Schönheit die Freiheitshöhle durch Riesenräume, besonders aber durch einzigartige kleine Seen, deren Grund mit schneeweißem Sinter bedeckt ist, der wie Watte oder Schnee aussieht.

Die Gesamtlänge der Gänge in der Friedenshöhle beträgt derzeit 3,8 Kilometer. Die Erschließung für die Öffentlichkeit ist vorgesehen.

Die Höhlen Polens

Die Raj-Höhle ist die einzige Schauhöhle Polens. Sie liegt in der Nähe von Kielce und ist das ganze Jahr geöffnet. Reich und vielfältig ist ihr Sinterschmuck. In der »Stalaktitenhalle« kommen über 200 Stalaktiten auf den Quadratmeter.

Die Karsthöhlensysteme der Hohen Tatra sind in Polen von größter Bedeutung. Das ausgedehnteste Höhlensystem ist mit einer Gesamtlänge von 4,5 Kilometer die Mietusia-Höhle, gefolgt von der Kasprowa-Niznia-Höhle, die eine Gesamtlänge von 2 Kilometer aufweist. 1,7 Kilometer lang ist die Szczlina-Chochalowska-Höhle. Die tiefste Höhle Polens ist die 1 Kilometer lange und 783 Meter tiefe Sniezna-Höhle.

Im Bergland von Krakau und Wielun sind über 500 Höhlen geringer Länge und Tiefe bekannt. Die bisher einzige, für den Tourismus zugängliche Höhle ist die Raj-Höhle im Berg Malik.

Die Höhlenforschung wird in Polen mehr auf sportlicher, denn auf wissenschaftlicher Basis betrieben, da im eigenen Land kaum Möglichkeiten für Höhlenforschungsunternehmen vorhanden sind. Und so verlegen die polnischen Höhlenforscher ihr Betätigungsfeld in andere Länder: In Verbindung mit dem Salzburger Höhlenverein konnten verschiedene Gruppen aus Polen schöne Erfolge in Österreich für sich verbuchen. Höhlenforscher aus Czenstochau erreichten in der Mondhöhle im Hohen Göll trotz schlechter Witterung eine Tiefe von 500 Meter; ein Krakauer Team konnte in der Rothöhle in den Leoganger Steinbergen ein schwieriges Schachtsystem bis zu einem Siphon in 300 Meter Tiefe erforschen — um nur zwei Beispiele zu nennen. In vielen Ländern der Erde sind heute polnische Höhlenforscher anzutreffen.

Raj-Höhle

Die Raj-Höhle liegt etwa 10 Kilometer südlich von Kielce, nahe der internationalen Straße E 7, die Warschau mit Krakau (Cracow) und Wien verbindet, 187 Kilometer von Warschau und 106 Kilometer von Krakau. Eine 600 Meter lange Zubringerstraße zweigt beim Dorf Dobrzaczka von der E 7 ab zu einem Parkplatz, von dem ein 400 Meter langer und guter Weg direkt zur Höhle führt. Man kann von der Stadt Kielce aus auch mit einem Stadtverbindungsbus oder einem städtischen Bus der Linie 31 zur Höhle fahren. Von der Bushaltestelle »Jaskinia Raj« bis zum Höhleneingang geht man etwa 15 bis 20 Minuten.

Die Raj-Höhle ist elektrisch beleuchtet. Von einem Pavillon mit Eintrittskartenschalter, Souvenirladen und einem kleinen Imbißstand erreicht man den eigentlichen Zugang durch einen 21 Meter langen Tunnel. Die Höhle ist für Besucher das ganze Jahr über geöffnet, von 8 bis 18 Uhr, außer an Montagen und am ersten Tag nach einem Feiertag. Die Führung dauert etwa 45 Minuten bei einer Weglänge von 180 Meter, einschließlich des Ausstellungsteils. Die Höhle kann nur mit Führer betreten werden; das Fotografieren ist nicht gestattet.

Die Raj-Höhle ist der alte, unterirdische Verlauf des Flusses Bobrzyczka durch den Berg Malik, in der Bolechowice-Bergkette von Gory Swietokrzyskie, der aus Kalkstein aus dem Paläozoikum besteht. Die Gesamtlänge der ausschließlich waagerechten Höhlengänge beträgt 240 Meter mit 6 kleinen Sälen. Die höhlenkundlichen Vorkommen sind zahlreich und vielfältig, wenn auch nur aus Kalzit. Hauptsächlich sind Stalaktiten zu sehen, vor allem an der Decke des »Stalaktiten-Saals« (Sala Stalaktytowa), wo über 200 Stalaktiten auf einen Quadratmeter kommen. Vorhänge, Stalagmiten, Säulen, tränende Steinpfuhle und Mondmilch runden das Bild ab. Die Durchschnittstemperatur beträgt 9° C.

Zahlreiche Fossilienfunde hat die Höhle freigegeben, wie zum Beispiel Knochen von großen Säugetieren wie Höhlenbär (Ursus spelaeus), Mammut (Mammuthus primigenius), Bison (Bison priscus), Pferd (Equus caballus), Wolf (Canis lupus) und anderen.

Spuren des Urmenschen, die auf ein Alter von 50000 Jahren geschätzt werden, wurden ebenfalls entdeckt. Außerdem 345 Kultgegenstände und Steinwerkzeuge aus zwei Epochen. Die Höhle wurde im September 1964 entdeckt. Ihre Erforschung und Erschließung dauerte von 1965 bis 1972. Seit 1968 sind der Berg Malik und die Raj-Höhle Naturschutzgebiet. Seit dem 10. Juni 1972 können Besucher die Höhle besichtigen. Damit ist sie die bisher einzige Schauhöhle in Polen, die für den Fremdenverkehr freigegeben ist.

◁ *Die Grotta Gigante besteht in der Hauptsache aus einer großen Halle von 107 Meter Höhe, 130 Meter Länge und 65 Meter Breite, deren Decke kuppelförmig ist. In der Halle und in einigen Seitengängen sind schöne Sinterpartien vorhanden.*

Die Grotta del Vento ▷ *zählt zu den interessantesten und vielversprechendsten Höhlen Italiens. Bisher konnten 4500 Meter erforscht werden. Es sind aber noch zahlreiche unerforschte Fortsetzungen vorhanden. In der »Sala del Ciondolo« (Saal des Gehänges).*

Die Grotta di Castellana zählt zu den tropfsteinreichsten und buntesten Höhlen Italiens und besitzt eine interessante Höhlenfauna.

Die Höhlen Italiens

In Italien findet man den Karst und seine typischen Formen über das ganze Land verteilt — und damit auch die Höhlen, die sich meistens in Gesteinen aus dem Tertiär oder dem Mesozoikum gebildet haben. Die Höhlen ganz Italiens werden mit einer Gesamtzahl von weit über 10 000 angegeben, darunter 45 Schauhöhlen.

In Ligurien, in Latium, in Apulien und in Sizilien liegen Höhlen von prähistorischem Interesse.

Berühmt sind ihrer Schönheit wegen die sogenannten Brandungshöhlen, darunter ist eine der bekanntesten die Blaue Grotte von Capri.

Auf Sardinien und Sizilien, wo man nur wenige vereinzelte Karstflächen findet, sind die Höhlen auf kleinere Gebiete beschränkt. Einige Höhlen Sardiniens stammen außerdem aus einer anderen Zeit: sie bildeten sich im Kalkgestein des Paläozoikums. Berühmt sind vor allem die San-Giovanni-Höhle und die in ihrer Nähe liegende Grotta di Su Anzu. Mit einer Länge von 8435 Meter bilden diese Höhlen unweit von Dorgali in der Provinz Nuoro in Sardinien eines der größten und interessantesten Höhlensysteme Italiens. An ihrer Erschließung wird ständig weiter gearbeitet. Neben großen Hallen mit formenreichem, vielfarbigem Sinterschmuck, sind Räume mit flachen Sinterbecken und breiten Zwischenwänden anzutreffen. In Lehmablagerungen tief eingeschnittene cañonartige Schluchten, auf deren Sohlen sich ein zäher Lehmbrei dahinwälzt, wechseln mit engen Schlufen ab. Auf dem Überrest einer Zwischendecke haben sich Hunderte kleiner, pilzförmiger Stalagmiten gebildet. Eine Besonderheit sind die bis zu 2½ Meter Durchmesser aufweisenden Sinterscheiben, die an einem 10 bis 20 Zentimeter langen Sinterkegel parallel zur Decke hängen. Ihre Unterseiten sind dicht mit Stalaktiten besetzt, die eine Länge von 1½ Meter erreichen. Einige dieser Gebilde sind heruntergebrochen oder nach einer Seite gekippt und am Scheibenrand wieder fest angesintert. Zahlreiche Excentriques und mit Kalzitkristallen ausgekleidete Räume vervollständigen den Schmuck dieses Höhlensystems, das zum Teil gerade für eine Begehung ausgebaut wird.

Die Höhlenforschung hat sich in Italien schon sehr früh entwickelt. Die erste Vereinigung 1883 war eine höhlenkundliche Abteilung des Triestiner Alpenvereins. Ende des 19. Jahrhunderts erschienen bereits die ersten speläologischen Zeitschriften. In der zur damaligen Zeit noch auf italienischem Gebiet liegenden Grotte von Postumia (Adelsberger Höhle — Postojnska Jama) wurde 1927 das erste italienische Institut für Höhlenforschung eingerichtet. Als 1945 das Gebiet an Jugoslawien abgetreten wurde, entfernte man die wissenschaftlichen Instrumente, den Höhlenkataster und die Bibliothek und brachte sie nach einigen Umwegen in die Höhle von Castellana in Apulien, wo 1948 unter der Leitung von Professor F. Anelli, dem früheren Direktor der Höhlen von Adelsberg, ein neues italienisches Institut für Höhlenforschung gegründet wurde. Für die Durchführung von Versuchen wurden die Grotta Doria und die Grotta Nr. 12 VG als Forschungsstation ausgebaut. Beim Eingang der Grotta Gigante im Triestiner Karst errichtete man ein höhlenkundliches Museum.

Während Forschungsarbeiten der neueren Zeit wurden einige größere Höhlensysteme entdeckt, die noch wissenschaftlich bearbeitet werden müssen.

Grotta Gigante

Über der Stadt Triest erstreckt sich ein Hochland, das man den Triestiner Karst nennt, er wird im Osten von einer Hügelkette begrenzt, die sich über der Stadt erhebt. Er reicht von San Giovanni bis zum Rosandratal. Die nördliche Begrenzung bildet das Tal der Wippach, ein Nebenfluß des Isonzo. Das durch Ausschwemmungen gebildete Flachland des Isonzo befindet sich im Nordwesten, das enge, tiefe Rosandratal bildet den südlichen Abschluß. Es handelt sich hier um einen nach oben gewölbten Teil eines Gebirges (Antiklina), der sich im Südosten im bergigen Hochland von Istrien fortsetzt und von Nordwesten nach Südosten von Bergketten durchzogen ist. Der Monte Alpe westlich von Rijeka in Jugoslawien ist der höchste Punkt.

Ein Teil des Hochplateaus gehört zur Provinz Triest, zur

Partie in der im Ausbau begriffenen Höhle San Giovanni bei Dorgali in Sardinien.

Provinz Görz (Gorizia) zählen die Seen von Doberdo, Sablici, Pietrarosso und die Furche des »Valle di Gorizia«. Der größte Teil jedoch gehört zu Jugoslawien. Diese einheitliche Landschaft baut sich hauptsächlich durch auf dem Meeresgrund gebildete Kalke der niederen Kreide und des mittleren Eozäns auf, die dann durch gebirgsbildende Kräfte aus dem Meer herausgehoben wurden und heute die bereits erwähnte Antiklina bilden, die sich von Südwesten nach Nordosten erstreckt. Eine Schicht von Mergel und Sand — Flysch genannt — hat sich über diesen Kalken abgelagert. Sie wurde aber von Aurisina bis Duino und das Tal des Isonzo entlang bereits wieder abgetragen. Zum Teil geschah das auch mit den Flyschschichten, die das Rosandratal ausfüllten. Die bei der Bildung der Antiklinale an den Rändern der Hochfläche abgerutschten Schichten blieben erhalten. Die Wässer des Timavo flossen wenigstens bis zum Pliozän aus dem alten Becken des Timavo (Paläotimavo) oberirdisch ab, das vom Monte Nevoso bei Fiume bis zur Mündung des Isonzo reichte. Die beiden großen Furchen, fossile Täler, die das Hochland von Nordosten nach Südwesten durchschneiden, wurden vom Paläotimavo gebildet. Längs der Achse Aurisina—Trebiciano ist die eine Furche breit und nicht sehr tief, während die Furche von Brestovizza weiter nördlich verläuft und sowohl enger als auch tiefer ist. Vermutlich schon im Pliozän suchten sich die Wässer des Paläotimavo einen unterirdischen Weg durch das Kalkgestein und bildeten dabei die Schluchten von St. Kanzian, wo sie auch heute noch verschwinden. Nach einem weitgehend unterirdischen Lauf von 40 Kilometer tritt der größte Teil der Gewässer bei San Giovanni di Duino in großen Karstquellen zutage und mündet nach 2 Kilometer in die Adria. Von den alten Römern wurde bereits der Name Timavo geprägt, in Jugoslawien wird der Fluß Reka genannt.

Großräumige Hallen sind im Triestiner Karst selten. Außer der Grotta Gigante gibt es noch die »Lindnerhöhle« mit 80 Meter Höhe in der Höhle von Trebiciano, die fast auf Meeresniveau liegt, während die Grotta Gigante bis nahe an die Erdoberfläche reicht. In den leicht nach Ostnordost einfallenden Schichten des radiolithischen Kalkes (Oberes Mesozoikum) befindet sich die Grotte mit ihrem Eingang in 269 Meter Seehöhe. Die Seehöhe des tiefsten Punktes wurde barometrisch bestimmt. Somit beträgt der Gesamthöhenunterschied 115 Meter, die größte Höhe der Halle 107 Meter. 130 Meter lang und 65 Meter breit ist die elliptische große Halle, deren Decke die Form einer Kuppel besitzt. Es gibt drei natürliche Eingänge. Der am längsten bekannte, die »Galleria Alta«, besitzt zwei Äste, einen rechten, dessen Boden mit Schutt und Lehm bedeckt ist, eine Höhe von 5 bis 6 Meter hat und nach wenigen Meter in die »Große Halle« abbricht, sowie einen linken, anfangs 4 Meter hohen, 2 bis 3 Meter breiten Gang, dessen Boden von Lehm gebildet ist, aus Lehm besteht und bis vor kurzem nach 20 Meter von einem Lehmpfropfen verschlossen wurde. Nach dessen Beseitigung konnte ein oberflächennaher, reich mit Tropfsteinen geschmückter Gang erkundet werden, der aber bald wieder mit Lehm verstopft war. Der künstlich erweiterte heutige Eingang, ein kurzer steiler Gang mit einer Engstelle, die ebenfalls beseitigt wurde, bricht 40 Meter tief ab. Entlang einer Bruchlinie angelegt, ermöglicht er das Eindringen des Wassers. Nur wenige Meter vom »touristischen« Eingang entfernt bildet ein kleiner Schacht den dritten Eingang. Er ist ebenfalls an der schon erwähnten Bruchlinie angesetzt, beginnt im Inneren des Museums und ist mit einer Falltür verschlossen; er besitzt jedoch wenig Bedeutung. Zwei Eingänge zeigen an den glatten Felsen die kleinen konkaven Rundungen (Kolke), die erosive Einwirkung des wirbelnden Wassers. Ähnliche Vorkommen in der »Großen Halle« beweisen auch eine frühere erosive Tätigkeit des Wassers. In der »Galleria Nuova«, die eine logische Fortsetzung der »Galleria Alta« bildet, sind dieselben Formen zu sehen. Nach 87 Meter ist die »Galleria Nuova« ebenfalls mit Lehm und Sinter verschlossen.

Die genaue Entstehung der »Großen Halle« der Grotta Gigante ist nicht eindeutig anzugeben. Ein oder zwei Gerinne, deren Spuren an den Eingängen zu sehen sind, haben bei der Entstehung des Raums mitgeholfen; auch die große Bruchlinie ermöglichte das Eindringen des Wassers und da-

Detail aus der Grotta di Castellana, die jährlich von 200 000 Menschen besucht wird und zu den farbenprächtigsten Höhlen Italiens gehört.

mit die Raumbildung. Die linke Wand nach der Eingangstür weist Formen auf, die auf die Einwirkung des Wassers zurückzuführen sind. Der große Bogen an der Decke im mittleren Teil der Spalte ist ebenfalls eine Folge der Tätigkeit des Wassers. Die »Große Halle« entstand mit Sicherheit durch Herabstürzen des Gesteins. Wieweit den kleinen Gerinnen bei der Raumbildung eine Bedeutung zukam, kann heute nicht mehr geklärt werden.

Nach und nach stürzten Gesteinstrümmer von der Decke herab, wurden dann vom Wasser aufgelöst und auch abtransportiert. Viele dieser Blöcke sind heute von Sinter überkrustet. Am Boden kann man zwei Niveaus erkennen: die Ebene am Grund der Halle, die teilweise vom Schuttkegel, der von der »Galleria Alta« herabgestürzt ist, bedeckt wird, und den »Altarsaal« mit dem Lehmboden des früheren Niveaus.

Eine andere Theorie nimmt an, daß sich einmal unter der Grotta Gigante eine große Halle mit einem größeren Gerinne befand. Dorthin könnte das Versturzmaterial transportiert worden sein, denn man kann sich nur schwer vorstellen, daß alles vom Wasser aufgelöst wurde. Der Einsturz dieses Gewölbes soll weitere Einstürze zur Folge gehabt haben, auch noch nachdem die Verkarstung nach und nach in die Tiefe verlegt wurde und schließlich ganz in der Tiefe verschwand: Nach dieser Annahme erhielt die Höhle ihre heutige Ausdehnung.

Ins Reich der Sage sind sicherlich die ältesten Berichte über die Grotta Gigante zu verweisen. Daß ein bißchen Wahrheit dahintersteckt, zeigen die archäologischen Funde. A. F. Lindner unternahm im Frühjahr 1840 den ersten historisch einwandfrei belegbaren Abstieg. Mit einigen Bewohnern des nahen Dorfes stieg er auf der Suche nach dem Timavo bis zum Grund hinunter, um an der Wand Grabungen durchzuführen, die aber nach der Entdeckung der »Höhle von Trebiciano« eingestellt wurden. Joseph Sigon wagte sich als zweiter in die Höhle hinunter — es muß noch vor 1850 gewesen sein. Eine weitere Befahrung, allerdings nicht bis zum Grund der Höhle, unternahmen einige Ingenieure, die am Bau der Südbahn beteiligt waren. Alle diese Forschungen waren für die damalige Zeit sehr kühne Unternehmungen, über die nur wenig bekannt wurde, und das ist nicht einmal mit Sicherheit verbürgt. 40 Jahre mußten noch vergehen, bis die Höhle genauer untersucht und zum ersten Mal kurz darüber berichtet wurde. Der aus dem Triestiner Alpenverein (»Societa degli Alpini Triestini«) hervorgegangenen »Vereinigung für die Erforschung des Karstes« war die »Höhle von Brisciachi« durch ihren tiefen Abbruch am Ende der »Galleria Alta« bekannt. Er galt damals als unüberwindlich. Der zweite Eingang wurde 1890 entdeckt. Am 20. April 1890 versuchte man von hier aus den Einstieg. Aus einem Bericht geht hervor, daß die Forschungen nur oberflächlich und unter großen Schwierigkeiten durchgeführt wurden. Man wußte weder etwas von früheren Forschungen noch von einem dritten Eingang. Im selben Jahr stieg man mehrmals vom »Circola Hades« aus ab, wobei die Höhle von Leo Petrisch und Andrea Perco zum ersten Mal systematisch untersucht wurde. Perco suchte die Höhle in den folgenden Jahren des öfteren auf und fertigte 1887 den ersten Plan an, der trotz einiger größerer Ungenauigkeiten, bedingt durch die damaligen unzulänglichen Methoden, einen guten Überblick über die Höhle bietet. Der »Triester Touristen-Club« (Club Turisti Triestini) bemerkte das große Interesse auch von seiten der Touristen und beschloß, die Höhle auszubauen und den Besuch des »Kaiser-Franz-Joseph-Doms«, wie damals der »Große Dom« genannt wurde, zu ermöglichen. Nach einer Reihe von vor allem finanziellen Schwierigkeiten wurde nach vierjähriger Bauzeit schließlich 1908 die Höhle feierlich eröffnet.

Nach dem Zweiten Weltkrieg baute man eine stärkere Beleuchtung ein, verschönerte die Umgebung der Eingänge und errichtete das einzige Museum Italiens für Höhlenkunde.

Kurz einige der wissenschaftlichen Daten: An sieben charakteristischen Stellen in der Höhle führte man von 1950 bis 1955 zur Ermittlung der klimatischen Verhältnisse Messungen durch. Es wurde eine jährliche Durchschnittstemperatur von 9,9° C festgestellt, die zwischen 9° und 10,4° C schwankt. Die Außentemperatur liegt bei hoher Schwankung im Durchschnitt bei 11,1° C. Die Temperaturverhält-

Seite 58 Wohin das Auge blickt, ringsum Tropfsteine in den verschiedensten Farben und Formen wie hier der »Incanto Sotterraneo« (unterirdischer Zauber) der Grotta di Castellana.

In der Grotta del Vento findet man Spuren aller wichtigen unterirdischen Karstphänomene: Korrosion, Erosion, Sinterbildungen aller Arten und in vielen Farben. Ein Detail aus der »Sala dei Monumenti«.

nisse in der Höhle entsprechen nicht den äußeren jahreszeitlichen Gegebenheiten. Der Sommer erreicht die Höhle mit elf Wochen Verspätung, der Winter mit sechs. Die Luftfeuchtigkeit ist ziemlich konstant, sie schwankt nur zwischen 94 und 96 Prozent.

Nachdem schließlich die Eingänge fast ganz verschlossen waren, bemerkte man in der Höhle eine Zunahme der Luftfeuchtigkeit auf 98 Prozent und eine leichte Abnahme der Temperaturschwankungen.

Die in früheren Jahren sehr zahlreiche Höhlentierwelt, die aus allen für die Höhlen des Triestiner Karstes typischen Arten bestand, wurde durch die Anbringung von Türen bei den Eingängen, durch den Einbau der elektrischen Beleuchtung und den Lärm der zahlreichen Besucher sehr stark dezimiert. Eine Kolonie Fledermäuse unbekannter Gattung —, sie konnten noch nie gefangen werden —, ist bis auf einige Exemplare aus der Höhle verschwunden; früher flogen sie durch die »Galleria Alta« ungehindert ein und aus. Mangels Frischluft haben sich auf dem Höhlenboden Schimmelkolonien gebildet, die außerdem die Entwicklung von Eiern und Larven verhindern.

Die ersten Berichte über prähistorische Funde stammen von Andrea Perco aus dem Jahr 1897. Am Grund der Höhle wurden Werkzeuge aus Feuerstein, Scherben alter Gefäße, Knochen — darunter auch die des Höhlenbären — und einige Münzen aus der Römerzeit gefunden. Das Institut für Geodäsie (Erdmessung) der Universität Triest begann 1958 mit Arbeiten, um auf dem Grund der Halle Meßinstrumente aufzustellen. Dabei wurden im Schutt die Überreste von mindestens zwei Menschen gefunden. 1964 fand man bei der Weiterfühung der Arbeiten verschiedene Bruchstücke prähistorischer Gefäße und den Kiefer eines ziemlich starken Menschen aus der Bronzezeit. Diese Funde waren einst von der »Galleria Alta« mit aufgeweichtem Lehm heruntergespült worden und hatten nach einem freien Fall von 100 Meter, vermischt mit Schutt, den Kegel am Grund der Halle gebildet. 1960/61 und 1963 kamen bei Grabungen in den tonigen Sedimenten der »Galleria Alta« zwei verschiedene Schichten zum Vorschein. In der tieferen Schicht aus gelbem und rotem Lehm lagerten Knochenreste von pleistozänen (eiszeitlichen) Tieren. Reste von Feuerstellen (Asche, Kohle), von Keramiken und handwerklichen Geräten wurden in der oberen Schicht von braunschwarzen, erdigen Sedimenten gefunden, die den Nachweis des prähistorischen Menschen — sowohl der Steinzeit als der frühbronzezeitlichen Kultur — im Eingangsteil der Höhle erbrachten.

Allgemeine Daten für den Höhlenbesuch:

Zugang in Borgo, bei Villa Opicina — 7 Kilometer nördlich von Triest. Die Höhle besteht im hauptsächlichen aus einer Halle von 130 Meter Länge, 65 Meter Breite und einer Höhe von 107 Meter. In der Höhle ist das Fotografieren verboten.

Auf der Wanderung durch den imposanten Hauptraum kommt man an vielen Tropfsteingruppen und einzeln stehenden Tropfsteinen vorbei, die alle ihren Namen haben. Eine besondere Art von Tropfsteinen ist hier anzutreffen; sie sehen aus wie Tellerstapel oder Palmenstämme: Durch die große Fallhöhe zerstäuben die Wassertropfen beim Auftreffen auf den Stalagmiten und lagern den miteingeführten Kalk flächenförmig ab. Der schönste Tropfstein der Höhle ist die 7 Meter hohe »Palme«. Weiter geht es bis zum Grund der Halle, einer von Höhlenlehm gebildeten ebenen Fläche in 150 Meter Seehöhe und 120 Meter unter der Erdoberfläche. Gedenktafeln erinnern an drei Pioniere der italienischen Karst- und Höhlenforschung.

Von der »Palme« führt der neue Weg wieder an herrlichen Tropfsteingruppen vobei, in die »Säulenhalle« und zur 12 Meter hohen »Ruggero-Säule«, dem höchsten Stalagmiten der Höhle. Dahinter leitet eine Treppe zum »Altarsaal« an der Seite der »Großen Halle«, der von zauberhaften Tropfsteingruppen begrenzt wird. Am Rand der steilen Wand entlang führt der Weg zum »Belvedere«, von wo man fast die ganze Höhle überblicken kann. An der Decke der Halle erkennt man die Einmündung der »Galleria Alta«. An der rechten Seite ist die breite, senkrechte Spalte der »Galleria Nuova« sichtbar, die erst 1942 in gewagter Kletterei erreicht wurde. Dieser »neue Gang« ist reich mit Tropfsteinen geschmückt, darunter sehr lange und dünne Formen. Ein steiler Abhang beginnt hinter dem »Altarsaal«, an dessen

Die Halle »La Grave« der Grotta di Castellana schmücken unzählige Stalaktiten, Stalagmiten und Sintervorhänge. Durch eine Öffnung in der Decke werden Pilze in die Höhle geweht, die einen dunklen Schleier bilden.

Seite 59 Auf dem Führungsweg durch die Grotta di Castellana kommt man an besonders schönen, tropfsteinreichen Räumen vorbei. Im Bild der »Altar«.

Ende ein schönes Portal den Zugang zu einem mit Sinterschmuck versehenen Schlot freigibt. Links öffnet sich ein Schacht, in dem man bisher vergeblich nach Fortsetzungen gesucht hat. Hier endet die Besichtigung der Grotta Gigante, und auf dem gleichen, an Einzelheiten reichen Weg geht es zum Eingang zurück.

Grotta del Vento

Die Grotta del Vento, die Höhle des Windes, liegt zwischen Vergemoli und Vornovolasco, 24 Kilometer nordwestlich von Lucca in der Toskana, im Südosthang des Berges Pania de Croce. Eine Privatstraße führt von Vergemoli zur Höhle. Sie gilt als eine der schönsten und vor allem interessantesten Höhlen Italiens.
Schon vor 1600 war bekannt, daß im Sommer aus einer Öffnung des Berghangs kalte Luft herausbläst. Die Bewohner der Umgebung bauten über dieser Kaltluftdüse eine Hütte, die sie als »Kühlschrank« benützten. 1898 ließen junge Burschen ein vierjähriges Kind, durch ein Seil gesichert, in die Tiefe gleiten. Es berichtete, daß es große Räume gesehen habe. Trotz dieser Erkenntnisse kam es erst im Jahr 1932 zu einer ernsthaften Erforschung der Höhle, bei der man 76 Meter weit bis zum ersten Siphon vordrang. Mitglieder des Bologneser Höhlenvereins entdeckten 1961 Gänge in einer Länge von 640 Meter. 1964 wurden vom Höhlenverein Lucchese unter Leitung von Vittorio Verole Bozzello 1110 Meter erforscht. 1965 begann man mit dem Ausbau der Höhle. Man legte betonierte Wege und Brücken an, die in der Farbe dem Muttergestein angepaßt wurden. Einige Überbrückungen bestehen aus verzinktem Stahl. Die elektrische weiße Beleuchtung kann in acht Abschnitten fernbedient werden. 1967 wurde der Schauhöhlenbetrieb mit der »kleinen« Führung feierlich eröffnet. Die große Führung wurde erst 1970 freigegeben. In der Folge gelangen weitere große Entdeckungen. Bis auf 3180 Meter konnten Gruppen der Höhlenvereine von »Garfagnana-Grotta del Vento« in Gemeinschaft mit Höhlenforschern des Piemonteser Höhlenvereins vordringen. Bei einem weiteren Unternehmen wurde das Ende des Hauptganges, ein Siphon, dessen Schüttung das zwanzigfache der Wassermenge des bisher bekannten Höhlenbachs beträgt, bei 4500 Meter Entfernung vom Eingang erreicht. Es gibt heute in dieser Höhle noch viele Rätsel zu lösen, gehen doch allein vom Hauptgang 16 Seitengänge ab, die zum größten Teil noch nicht erforscht sind. Es gelang auch noch nicht, das tieferliegende wasserführende Gangsystem zu erforschen. Des weiteren konnte auch noch keine Verbindung zu den um 800 Meter höher liegenden Höhlen auf der anderen Seite des Berges gefunden werden.
Der Berg Pania de Croce (1858 m) besteht aus Triaskalken, die vor etwa 190 Millionen Jahren (Trias) auf dem Grund des Meeres um etwa 100 Kilometer verschoben und vor 14 Millionen Jahren (Miozän) aus dem Meer gehoben wurden. Die bei der Hebung der Gesteine entstandenen Risse und Klüfte wiesen dem Wasser den Weg in die Tiefe.
Die Höhle des Windes ist aus verschiedenen Gründen sehr interessant, denn in ihr findet man alle wichtigen Karstphänomene: Erosion — Korrosion, trockene und wasserdurchflutete Höhlenräume, Versturzzonen und vor allem auch alle vorkommenden Sinterformen, die von Mineralien und Oxiden bunt gefärbt sind.
In dieser Höhle stehen Besucher immer wieder staunend vor den Wundern der unterirdischen Welt — und nicht nur der Laie ist begeistert, auch der Fachmann sieht sich vor noch ungelösten Rätseln, die es mit Enthusiasmus und Geduld zu entwirren gilt.
Genaue Anschrift und Auskunft: Grotta del Vento di Vornovolasco, Via Pietro Funai 36, I — 55051 Barga (Lucca).

Grotta di Castellana

36 Kilometer südöstlich von Bari, der Hauptstadt der italienischen Provinz Apulien, und 2 Kilometer südwestlich von Castellana-Grotta liegt der schon lange bekannte 60 Meter tiefe Abgrund eines Erdeinbruchs. Professor Franco Anelli, ein bekannter italienischer Höhlenforscher, zur damaligen Zeit Direktor der Höhlen von Postumia (Adels-

In der Grotta di Castellana sind neben großen buntgefärbten Sintervorhängen reinweiße Stalaktiten und dünne Spaghettiröhrchen anzutreffen.

berger Grotte — Postojna), stieg am 23. Januar 1938 auf einer Strickleiter in den Abgrund hinunter und konnte einige hundert Meter der horizontalen Schachtfortsetzung erkunden. Zwei Tage später unternahm Anelli, diesmal mit dem Castellaner Vito Matarrese, einen neuen Vorstoß, bei dem es gelang, 500 Meter der schluchtartigen Gänge zu befahren. An einem mehr als 20 Meter tiefen Abgrund, dem »Precipizio«, endeten die im März fortgesetzten Forschungen. Bis zur mehr als 1600 Meter vom Eingang entfernten »Grotta Bianca« (Weiße Höhle) drang Vito Matarrese ein Jahr später vor.

Die Hochebene der Murge ist ein charakteristisches Karstgebiet, in dem Wasserläufe und Seebecken fehlen, mit Karrenfeldern, Erosionsfurchen, Einsturztrichtern (Dolinen) und ausgedehnten Vertiefungen (Uvala). Die Höhle von Castellana ist das Werk eines unterirdischen Flusses. 1938 grub man einen künstlichen Stollen, und 1939 wurde die Höhle bereits als Schauhöhle eröffnet.

Größere Verbesserungen, insbesondere der 60 Meter lange Aufzug, der die Besucher zum Ausgang in der Nähe des Höhleneingangs bringt, wurden erst 1949 geschaffen. In diesem Jahr ernannte man Professor Anelli zum Direktor der Höhle von Castellana, nachdem Postumia durch den Anschluß an Jugoslawien für Italien verloren war. Man nennt die Grotta di Castellana das »neue Postumia Italiens«.

Durch den künstlichen Eingangsstollen und über eine lange Treppe kommt man auf den Grund des riesigen Schachtes und zum Eingang des fast geradlinigen über 2000 Meter langen Hauptgangs mit einigen kleineren Abzweigungen. Klassische Erosionserscheinungen werden unter der Bodensinterschicht, die nahezu alle Gänge bedeckt, sichtbar. In der gewaltigen »Halle La Grave« befindet sich eine Deckenöffnung, durch die winzige Pilze in die anschließende »Schwarze Grotte« von der Luftströmung hineingetragen werden; diese Pilze bilden auf den Tropfsteinen einen dunklen Schleier. Die »Höhle der Monumente« ist 40 Meter hoch, die in ihr stehenden mächtigen Stalagmiten sind von Algenkolonien überzogen und bieten den Anblick moderner Skulpturen. Eigenwillige Tropfsteingebilde erhielten von den italienischen Höhlenforschern phantasievolle Namen: »Korridor des Engels«, »Kathedrale«, »Krippengang« und »Korridor der Schlange« sind einige Beispiele dafür. Der 500 Meter lange tropfsteinarme »Korridor der Wüste« führt durch die »Grotte des Absturzes« und die »Halle des Altars« mit mehreren kerzenartigen Stalaktiten zur »Grotta Bianca«. Der »Mailänder Dom«, die »Halle des Turms von Pisa« und der »Kristallsee« sind hier die Höhepunkte. Ein künstlicher Durchbruch in einem weißen Sintervorhang ist der Zugang zu gewaltigen, schneeweißen Sintersäulen vor einem über und über mit Kalkspatkristallen bedeckten ausgetrockneten Sinterbecken. Hier endet der Weg — und hier verschwand auch der einstige Wasserlauf zwischen den Felswänden in tiefergelegene, noch nicht zugänglich gemachte Höhlensysteme.

Die Höhle ist auch berühmt wegen ihrer mit dichten Kristallpolstern überzogenen Stalaktiten, deren kristalline Überzüge unter Wasser entstanden sind. Durch Erdbeben und Gesteinsverschiebungen zerbrochene Sinterbildungen, Tausende von Excentriques, Sinterfahnen und andere Besonderheiten, die von im Wasser in feinster Verteilung enthaltenen Limonit, Eisenhydroxiden usw. bunt gefärbt wurden, sind ein weiterer Anziehungspunkt.

Die Grotta di Castellana ist eine der tropfsteinreichsten und farbigsten Höhlen Italiens, die ihre Anziehungskraft mit über 200 000 Besuchern im Jahr unter Beweis stellt. Sie ist aber auch wegen ihrer interessanten Höhlenfauna für Höhlenforscher ein Begriff und stellt ein bedeutendes Forschungszentrum dar. Sie ist zugleich der Sitz des italienischen Instituts für Speläologie.

Wichtige Daten: Von Castellana aus führt eine Straße direkt zum Höhleneingang. Gesamtlänge der Höhle über 2000 Meter, Tiefe der Höhle 80 Meter. Elektrisch beleuchtet. Besichtigung nur mit Führer. Fotografieren verboten. Temperatur in der Höhle 15° C. Die kleine Höhlenführung endet am »Precipizio«, dem Abgrund etwa in der Mitte der Höhle, und dauert 50 Minuten. Die große Führung geht bis zum Ende des Führungswegs in der »Grotta Bianca«, der »Weißen Höhle«, und dauert 2 Stunden.

Die Höhle von Nerja in Spanien wurde am 12. Januar 1952 entdeckt. Sie ist wegen ihres großen Tropfsteinreichtums und ihrer bedeutenden archäologischen Funde eine der interessantesten Höhlen Spaniens.

Die Höhlen Spaniens

In Spanien gibt es 10000 bekannte Höhlen, die über das ganze Land verteilt sind: Im Zentrum, im Westen und in den nordwestlichen Gebieten Spaniens, die vorwiegend kristallines Gestein beziehungsweise Ablagerungen aus dem Erdaltertum aufweisen, kommen keine großen Höhlensysteme vor. So sind Neukastilien und die Estremadura sogar sehr arm an Höhlen.

Im Süden, Osten, Nordosten und im ganzen Norden Spaniens ist Karstgestein, das die Höhlenbildung förderte, anzutreffen. Reich an prähistorischen Höhlen und an großen Karsthöhlen ohne besondere prähistorische Funde ist die Kantabrische Küste am Golf von Biscaya, deren berühmteste Höhlen die Grotten von Altamira sind. Nur wenige Höhlen besitzt Katalonien, während die Mittelmeerküste, die Levante und Andalusien interessante, wenn auch nicht sehr große Höhlen aufweisen, die ihrer Wandmalereien und der Schönheit und Besonderheit ihrer Tropfsteine wegen berühmt sind. Etwa 140 Klein- und Mittelhöhlen gibt es allein in der Provinz Alicante.

Auf den Balearen-Inseln gibt es vor allem auf Mallorca viele schöne und bei den Touristen bekannte Tropfsteinhöhlen. Auf den Kanarischen Inseln sind auf Teneriffa und Lanzarote einige Höhlen vulkanischen Ursprungs bemerkenswert.

Spanien kann mit seinen Höhlen sogar »Rekorde« erbringen: Der Eingang zur tiefsten Höhle der Erde öffnet sich in den spanischen Pyrenäen bei Navarra. Es ist die Schachthöhle Sima de la Pietra de San Martin mit 1332 Meter Tiefe. Da sich der größte Teil der Höhlenräume unter französischem Gebiet erstreckt, können auch die Franzosen die Höhle, dort »Complexe de la Pierre de Saint-Martin« genannt, für sich beanspruchen.

Die unwahrscheinlich hohe Temperatur von 32° C wurde in der »Warmen Höhle«, 30 Kilometer südwestlich von Murcia in der Sierra de la Muela, einer vermutlich thermal geheizten Höhle, gemessen.

Das längste Höhlensystem Spaniens liegt in der Provinz Burgos: Ochos Quarenas mit 46,7 Kilometer.

Die Höhlenforschung setzte in Spanien 1876 ein. In diesem Jahr befaßten sich bereits zwei regionale Vereine, das Centro Excursionista de Cataluna und der Club Muntanyene de Barcelona, mit speläologischen Untersuchungen. Erst ab 1948 kam die systematische Erforschung der Höhlen durch die Grupo de Explorationes Subterraneas del Club Mantanes Barcelones (Gruppe für unterirdische Forschungen des Bergsteigerklubs von Barcelona) in Schwung. Die Aktivität dieser Gruppe breitete sich schließlich über Spanien aus.

Cueva de Nerja

In der Nähe des alten Friedhofs von Maro in Andalusien in der Provinz Malaga gab es einen Erdtrichter von geringer Tiefe, aus dessen Öffnung abends immer Fledermäuse herausflogen. Einige Jungen aus Nerja und Maro beschlossen eines Tages, eines dieser Tiere zu fangen. Mit Netzen und Lampen ausgerüstet stiegen sie durch das Erdloch in die Höhle ein. Einem der Jungen fiel ein warmer Luftstrom auf, der aus einer 60 Zentimeter breiten und 100 Zentimeter hohen Vertiefung herauskam. Sie konnten nicht eindringen, da zwei Stalaktiten den Zutritt verwehrten. Nach einigen vergeblichen Versuchen beschlossen sie, am nächsten Tag mit Hammer und Meißel wiederzukommen und den Zugang zu öffnen. Es gelang ihnen nach einigen Anstrengungen, die Stalaktiten abzuschlagen und in den engen Kamin vorzustoßen, dessen Ende man sehen konnte. Francisco Navas Montesinos wagte es, Berichten zufolge, als erster, mit dem Kopf voraus ins Unbekannte vorzustoßen. Am Ende des Kamins konnte er von einem Felsvorsprung auf den Boden hinunterspringen. Seine Kameraden (J. L. Barberode Miguel, die Brüder Munnoz Zorilla und J. Torres Cárdenas) folgten ihm. Nach einigen Metern konnten sie sich aufrichten, und über einen steinigen Abhang kamen sie zu dem heute als »Saal der Kaskaden« bezeichneten Raum. Als einer von ihnen in einem Winkel Skelette mit einigen Schüsseln daneben entdeckte, verließ sie ihr Mut, und sie kehrten zum Ausgang zurück. Nach ihrer Rückkehr erzählten sie ihren Lehrern von der Entdeckung. Doch die Höhle wurde trotz wiederholten Berichten nicht beachtet, bis sich die Jugend-

In der glühenden Lava bildeten Gase eine Gasblase, die sich emporhob und aufplatzte. Nach dem Erkalten der Lava wurde diese erneut von heißer Lava erreicht, und es entstand die sogenannte Stricklava.

bewegung von Nerja dazu entschloß, eine neue Erkundung durchzuführen, der sich der Arzt Garcés und der Fotograf Padial anschlossen. Als man sich der Schönheit der Höhle und der Wichtigkeit der Funde bewußt wurde, beschloß man, die Fotos und einen Bericht an die Zeitschrift »Sur« in Malaga zu schicken, die einen Artikel darüber am 22. April 1959 veröffentlichte. Die Delegation für archäologische Ausgrabungen wurde dadurch auf die Entdeckung aufmerksam. Sie organisierte wenige Tage später in Zusammenarbeit mit dem damaligen Bürgermeister Millon und Dr. Garcés, der über den Zugang und die Begehung der Höhle Bescheid wußte, eine Befahrung der Höhle. Nach großen Anfangsschwierigkeiten fand man in einem zweiten Versuch den ursprünglichen Eingang der Höhle: Er lag vier Meter unter einem Sedebaum und wurde durch Sprengung geöffnet.

Die Höhle von Nerja liegt in der Cordillere Bética. Der Höhleneingang befindet sich 300 Meter über dem Meeresspiegel und 700 Meter von der Küste entfernt in massivem, sekundärem Kalkgestein, das in dieser Zone parallel zur Küste verläuft. Von der Terrasse des Restaurants neben dem Eingang hat man einen herrlichen Blick auf Maro und Nerja, im Hintergrund leuchtet das blaue Meer. Im Norden fällt der Blick auf den 1450 Meter hohen Gipfel des Lucero, unter dem sich einst die Höhle von Nerja bildete.

Über eine Treppe gelangt man in den ersten Raum der Höhle, der 14 Meter lang und 3 Meter hoch ist und in dessen Boden bei mehreren Grabungen reiche archäologische Funde gemacht wurden. Der erste und der zweite Saal sind durch einen künstlich erweiterten, gewundenen Gang miteinander verbunden. Der 20 Meter lange, 10 Meter breite und 5 Meter hohe Saal wurde »Sala de Belen« (Saal Bethlehems) benannt, da ein Winkel an das Portal der traditionellen spanischen Krippen erinnert. Verschiedene pittoreske Grotten, geschickt beleuchtet, überraschen den Besucher. Der nächste Saal wurde nach einem Gebilde aus Sinter, das einem Elefantenstoßzahn ähnlich sieht, »Colmillo del Elefante« (Elefantenzahn) genannt. Dieser Saal erwies sich als Fundgrube bedeutender archäologischer Gegenstände, die man teilweise beim Bau einer Verbindung nach außen entdeckte. Über eine in den massiven Fels gehauene Treppe steigt man zu einem Vorsprung hinunter, von dem aus der Blick bis zum Eingang der »Sala de Cataclismo«, des »Kataklysmensaals« (Saal der erdgeschichtlichen Naturkatastrophen), reicht, den man auf einer Länge von 200 Meter überschauen kann. Am Ende dieser Treppe geht es nach links zu einer Rampe, über welche die Entdecker der Höhle abstiegen. Wir befinden uns bereits in der »Sala de Cascada«, im »Kaskadensaal«, so benannt nach einer Gruppe schöner großer Stalagmiten. Die Höhe der Decke beträgt 25 Meter bei 30 Meter Breite. In diesem Saal finden vor 600 Besuchern jährlich vom 14. bis 16. Juni klassische Ballettabende unter Mitwirkung bekannter Gruppen und Solisten statt. Außerdem werden noch Konzertabende veranstaltet, denn die Akustik in diesem Saal ist hervorragend. Auf seinem Boden wurden verschiedene Gefäße und Geräte aus der Steinzeit gefunden und interessante anthropologische Funde gemacht. Ein breiter Gang, von hohen Säulen mit einem Umfang von über 8 Meter flankiert, endet in der »Sala de los Fantasmas«, im »Gespenstersaal«, den man nach einer lustigen Gruppe von Stalagmiten, die wie Gespenster aussehen, so genannt hat. Der Saal hat eine sehr hohe Decke und rechts ein erhöhtes Niveau, das einer Bühne ähnelt. Auch hier, wie im Saal vorher, ist der Boden eben, sandig und reich an Funden. Linker Hand gibt es einige Wege, die unter einer Felsgruppe hindurch bis zur »Sala del Cataclismo« führen, dem größten Saal der Höhle. In der Mitte dieser Halle erhebt sich eine 60 Meter hohe und 18 Meter breite Formation bizarrer Sintergebilde auf einer bereits früher dort entstandenen Sintergruppe. Rund um diese Gruppe beeindruckt ein wahres Chaos enormer Stalaktiten- und Stalagmitenblöcke, die sich nicht mehr an ihrem ursprünglichen Ort befinden und sich nach allen Seiten und Richtungen neigen. Sie bieten das eigenartige Schauspiel eines Kataklismus', einer Naturkatastrophe, die vor Tausenden von Jahren eingetreten sein muß. Das beweisen die Höhlenmalereien, die auf einem dieser heruntergefallenen Blöcke gefunden wurden und deren Alter auf 15000 Jahre datiert wird. Der Besuch dieses Saals bietet unvergleichliche Eindrücke, denn

Eingang zu einer typischen Lavahöhle, die vom Vulkan Tinachio auf Lanzarote gebildet wurde. Er ist von Bimsstein und Flugasche halb zugeweht. Ein Eindringen war nicht möglich, da nach 20 Meter die Temperatur unerträglich heiß wurde.

Die Cueva de los Verdes auf der Insel Lanzarote ist mit über 60 Kilometer Länge die zweitlängste bisher bekannte Lavahöhle der Erde. Der ausgebaute Schauhöhlenteil hat eine Länge von 1 Kilometer.

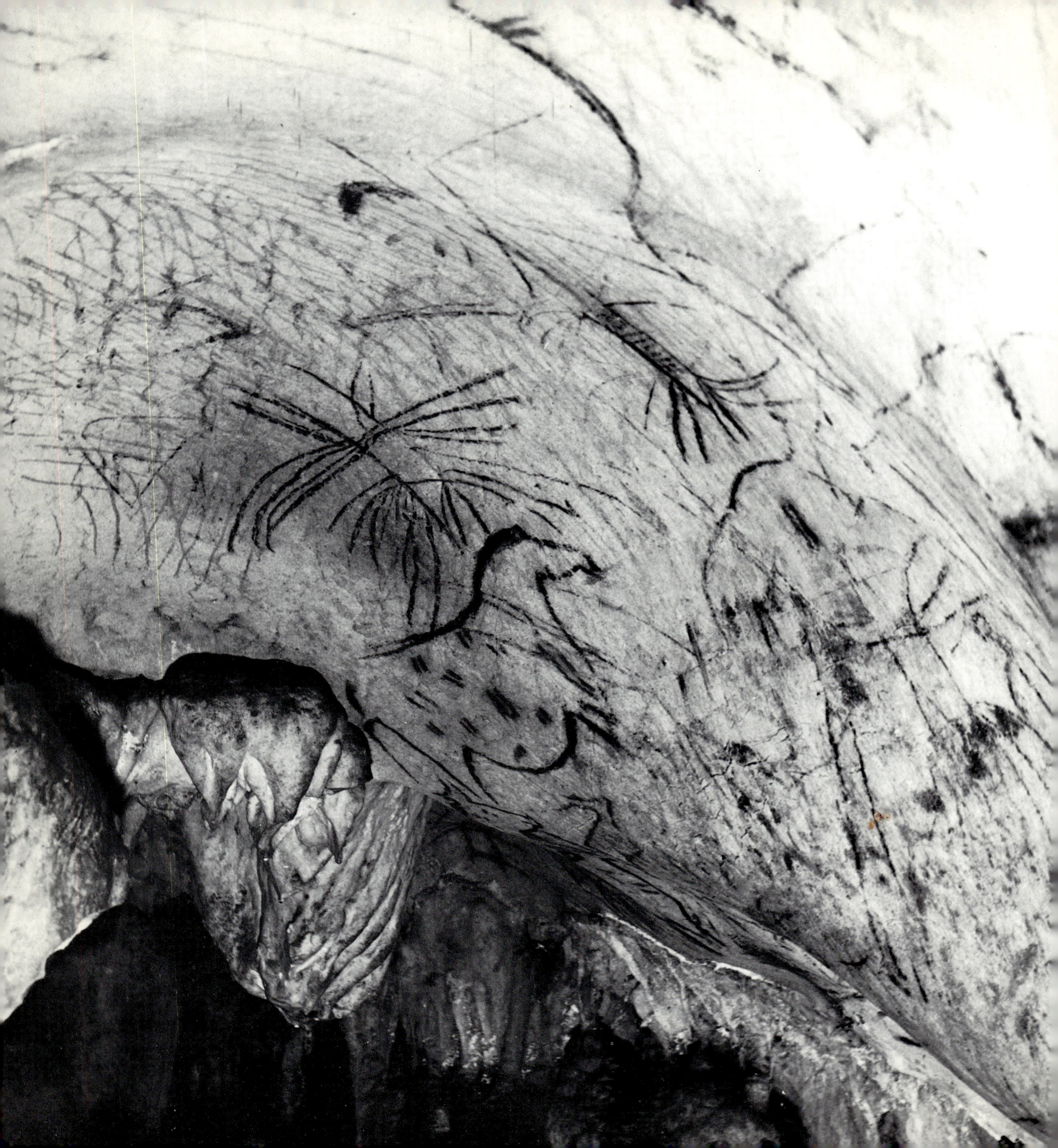

Felsmalereien gehören zu den Attraktionen in vielen spanischen Höhlen. In der Cueva de la Pileta bei Malaga.

die Wege verlaufen auf unterschiedlichen Ebenen, und man kann den Saal aus allen Richtungen und Höhen betrachten. Die Beleuchtung der Höhle ist so angeordnet, daß man fast keine Lichtquellen sieht. Auf farbige Beleuchtung hat man bewußt verzichtet; sie hätte die Höhle nicht verschönert, sondern eher die Konturen und die natürlichen Farben der Felsen und des Sinterschmucks verwischt. Auf der Wanderung durch die Höhle wird der Besucher von dezenter klassischer Musik begleitet — für manche ein Hochgenuß, während andere sie gern entbehren würden.
Wichtige Daten: Zufahrt auf der Nationalstraße 340 Cadiz —Malaga bis Nerja, nach 4 Kilometer beschilderte Abzweigung zum Höhleneingang; oder mit der Buslinie Alsina Graëlls. Abfahrt von der Plaza de Queipo de Liano in Malaga und direkt bei der Höhle von Nerja.
Besuchszeit: alle Tage des Jahres ohne Ausnahme. Vom 1. Mai bis 15. September von 9 bis 21 Uhr. Vom 16. September bis 30. April von 10 bis 14 Uhr und von 16 bis 19 Uhr. Die Temperatur in der Höhle beträgt 21° Celsius. Am 15. Juni 1961 wurde die Höhle von Nerja unter Denkmalschutz gestellt.

Cueva de los Verdes

Vor ungefähr dreitausend Jahren wurde im nördlichen Teil der Insel Lanzarote ein Vulkan geboren, der später nicht nur wegen seiner eleganten Form, sondern auch durch seine Höhle bekannt wurde. Als er erlosch, hatte er das Aussehen des nördlichen Teiles der Insel gewaltig verändert. Die Eruption, die den Vulkan »La Corona« schuf, war wohl eine der größten und eindrucksvollsten, die sich je auf der Insel ereigneten, obwohl sich hier über 300 Vulkankegel erheben. Gleich zu Beginn der Eruption ergoß sich ein Lavastrom in Richtung Famara und fiel in einer gigantischen, feurigen Kaskade aus 400 Meter Höhe über die Klippen ins Meer. Diese Lavamassen hängen, längst erkaltet, auch heute noch teilweise von den Klippen herunter, sie bildeten einst aber auch eine 18 Quadratkilometer große Terrasse im Meer, die von Orzolo bis zum kleinen Hafen von Arieta reicht. Diese weite Fläche zeigt noch heute die Rauheit ihrer Oberfläche und die kleinen Bodenwellen, die für Lavaflächen charakteristisch sind. Sie wird »Malpais de la Corona« (Ödland von Corona) genannt.
Während der Eruption traten Lava und vulkanische Gase nicht an der gleichen Stelle aus (es gab allerdings auch Ausnahmen von dieser Regel). Die Gase wurden zusammen mit Asche, Schlacke, Bomben und anderem vulkanischem Material aus dem Krater herausgeschleudert. Die Lava — in erkalteter Form heute olivinischer Basalt genannt — preßte sich hingegen aus Spalten heraus, die tiefer als der Grund des Hauptkraters lagen.
Bei einer späteren Eruption trat die Lava als riesige Fontäne aus dem zentralen Kamin aus und bildete einen langanhaltenden Strom, der sich über den alten Lavauntergrund ergoß. Der neue Lavastrom schmolz den vulkanischen Untergrund und schuf einen tiefen Kanal, in den die glühende Lava floß. Die Oberfläche der Lava erstarrte und bildete eine dicke Decke, unter der die Lava weiterfloß. Als die flüssige Lava den Kanal verließ, blieb ein Hohlraum zurück, der so lang war wie der ganze Lavastrom. Wo der Lavastrom sehr flüssig war, entstanden große Tunnels. An einigen Stellen dieses unterirdischen Kanals hatte die große, durch das Schmelzen der Seitenwände verursachte Verbreiterung den Einsturz der Decke zur Folge. Die so entstandenen Schächte, etwa 20 entlang des Kanals, besitzen heute eine Tiefe von mehr als 20 Meter. Sie zeigen den einstigen Verlauf der Lavaströme an und werden »Jameos« genannt. Viele von ihnen haben Ortsnamen, so zum Beispiel »Jameo de los Lagos«, »Jameo Trasero«, »Jameo de Agua« und andere. Das letzte Stück dieser Lavaröhre ist teilweise von Meerwasser ausgefüllt, das eine Lagune bildet.
Die Cueva de los Verdes ist jedoch nur Teil dieses großen vulkanischen Gebiets »Los Jameos« und erstreckt sich über etwa einen Kilometer von den insgesamt sechs Kilometer des Lavastroms.
Interessant ist die Vielfalt der Farben, die sich an der Decke und an den Wänden der Höhle finden. Teile des Höhlenin-

Die Cueva del Hams auf der Insel Mallorca ist ein ehemaliger Flußlauf. Sie wird von einigen kleinen Seen, schönen Hallen mit reichen Sinterformen, zahlreichen Excentriques und reinweißen zarten Stalaktiten geschmückt.

nern sind von intensivem Rot, wahrscheinlich infolge der Oxydation des Eisenbasalts, die bei der plötzlichen Erhitzung des Gesteins eintrat. Die Verdunstung des durch die Decke eingedrungenen Wassers hatte die Bildung von Salzniederschlägen an den Höhlenwänden zur Folge. Die Färbung dieser Salzkristalle ist sehr eindrucksvoll. Auch finden sich strahlenförmige Rosen aus Aragonit. Beim Betreten der Höhle wird man von klassischer Musik begleitet. In der Nähe des Eingangs wurde eine große Halle zu einem Konzertsaal mit guter Akustik ausgebaut.

Große tonnenförmige Hallen folgen auf enge Gänge. An einigen Stellen sieht man in höhere Gänge hinein, oder man kann in eine tieferliegende Lavaröhre hinunterblicken. Man steigt auch in eine darüberliegende Etage auf. Am Ende des Führungswegs versammelt der Führer seine Schützlinge um sich und fordert einen Teilnehmer auf, einen Stein in eine tiefere Etage hinunterzuwerfen. Erst beim Aufspritzen des Wassers merkt man, daß man am Ufer eines kleinen unterirdischen Sees steht, in dem sich die Decke spiegelt.

Einen Kilometer im Nordosten der »Cueva de los Verdes« liegt der »Jameo de Agua« in der Nähe des Meeres. Aus dem 325 Meter langen Gang führen drei große Schächte nach außen. Ein breites Brackwasserbecken (80 x 16 x 8 m) im tiefergelegenen Eingangsteil ist durch submarine Spalten mit dem Meer verbunden.

In dem kleinen See hat man zwei interessante Höhlenkrebse gefunden, einen Galatheiden (krebsähnlicher Zehnfüßer), dessen nächste größere Verwandte in großen Meerestiefen leben, und einen Spaltfußkrebs. Der »Jameo de Agua« wurde zu einem Nachtclub mit Folklore ausgebaut.

Cueva del Hams

Die Höhle, die von einem Flußlauf geschaffen wurde, liegt auf Mallorca, einer der Balearen-Inseln, 56 Kilometer östlich von Palma de Mallorca, 1,6 Kilometer westlich von Porto Cristo und 1,9 Kilometer nordwestlich der bekannten Cueva del Drach.

Die Höhle wurde 1905 vom Vater des jetzigen Besitzers (Petro Caldentey Santandreu) entdeckt. Er fand sie, als er in dieser Gegend nach Onyx suchte. Sie hat eine Länge von etwa 1000 Meter, und ihre größte Tiefe beträgt 30 Meter. Ihre Temperatur hält sich konstant bei 18 bis 20° C.

Sie war die erste Höhle auf Mallorca, die mit Elektrizität ausgestattet wurde. Heute gibt es drei Lichtarten — Tageslicht, Neonbeleuchtung und farbige Illumination —, mit der man Tropfsteinformationen in verschiedenen Farben anstrahlen kann.

Beim Rundgang wandern wir durch 14 Säle und an einigen kleineren Seen vorbei. Auf dem ganzen Weg ist schöner Sinterschmuck zu sehen, und die einzelnen Partien besitzen klangvolle Namen wie »Kaiserlicher Palast«, »Friedhof der Feen«, »Saal der Eulen« und andere.

Der größte See der Höhle ist das »Meer von Venedig« mit einer Tiefe von 40 Meter und von außerordentlicher Klarheit des Wassers. In ihm leben kleine blinde Schalentiere von weißlicher Farbe, die nur in diesen Höhlen zu finden sind: Typhlocirolana Lulli Pijiula, nach dem Forscher Pijiula genannt, der sie 1905 dort entdeckte.

Gespeist wird der See von einem unterirdischen Fluß, der durch Mallorca fließt, sich mit dem Wasserlauf der Cueva del Drach vereinigt und schließlich ins Meer mündet. Sein Wasser enthält 2 Prozent Salz, und es fällt und steigt um 15 Zentimeter je nach den Gezeiten.

Einzigartig und bemerkenswert aber sind die Höhlen wegen ihrer baumartigen Formationen, einer bewundernswerten Filigranarbeit der Natur. Nach ihrem eigenartigen Aussehen, das einem kleinen Angelhaken ähnelt, wurde die Höhle benannt: »ham« ist das mallorquinische Wort für Angelhaken, »Cueva del Hams« — die Höhle des Angelhakens. Am häufigsten zu finden, und vor allem immer wieder von den unzähligen Besuchern mit Begeisterung erlebt, sind diese Formationen in einem Saal, der »Traum eines Engels« genannt wird. Die seltenen Gebilde wachsen in diesen Höhlen alle 30 Jahre um einen Zentimeter an.

Allgemeines: Länge der Höhle 350 Meter. Besichtigung nur mit Führer, Dauer 2½ Stunden. Fotografieren verboten.

Die schon bei den Römern bekannte St. Michael's Cave auf Gibraltar besitzt zahlreiche Sinterbildungen. In jüngster Zeit werden in der großen Halle Ballettabende, Konzerte und andere Veranstaltungen durchgeführt.

Die Höhlen Englands und Irlands

Etwa 2500 bis 3000 Höhlen sind in Großbritannien bekannt. Die meisten davon liegen in Gebieten, deren Bodenbeschaffenheit sich aus Kalksedimenten aus dem Karbon, aus einer Zeit vor 270 bis 340 Millionen Jahren, zusammensetzt. Ablagerungen aus diesem Zeitalter findet man in Südschottland, Nord- und Mittelengland, Südwales und in den Mendip Hills bei Bristol. Weitere Höhlen liegen in den kambrischen Schichten Westschottlands und in den sogenannten devonischen Schichten um Devon. Jura- und Kreidekalke, die in großen Flächen quer übers englische Becken und an einem Teil der Ostküste anzutreffen sind, beinhalten wenig Höhlen, keine davon besitzt — eine Folge des vom Meer und von regelmäßigen Regenfällen bestimmten Klimas — größere Bedeutung. Die Zahl der britischen Schauhöhlen wird mit 40 angegeben, allerdings inklusive einiger Bergwerke und Steinbrüche.

Eine Besonderheit unter den kleinen schottischen Höhlen ist eine Höhle vulkanischen Ursprungs auf der unbewohnten Insel Staffa, die Fingal's Cave.

Im Norden Englands liegt die wegen ihrer Karstphänomene interessanteste Region der britischen Inseln in den North Pennines in Yorkshire. Dort befindet sich ein umfangreiches Höhlensystem von über 20 Kilometer Länge, ein Schacht von mehr als 100 Meter Tiefe (eine Ausnahme in diesem Land) und mehrere Schauhöhlen. Das höhlenreichste Gebiet liegt etwas südlicher in der Kette der South Pennines in Derbyshire. Im Süden von Bristol ist das Gebiet der Mendip Hills für seine Tropfsteinhöhlen in den Schluchten von Cheddar berühmt.

In Wales findet man zwei Zonen mit Karbongesteinen. Dort liegt im Süden das größte Höhlensystem der Britischen Inseln mit mehr als 25 Kilometer Länge. Diese Höhlen, Ogog-Ffynnon Ddu, wurden erst 1930 entdeckt und vermessen.

Irland ist übrigens reich an Höhlen. Ihre Zahl wird auf über 300 geschätzt. Die weiten Karstzonen Irlands bestehen im wesentlichen aus Kalkgesteinen des Karbon-Zeitalters, vor allem in den Ebenen Zentral- und Ostirlands. Trotz ihrer Vielzahl sind die Höhlen kaum von großer Bedeutung. Für die Höhlenbildung waren vor allem unterirdische Flüsse verantwortlich, wie im größten Höhlensystem Irlands, in den Poulnagollum-Pouleva Caves. Sie liegen in Westirland, einem interessanten Gebiet, in dem Granit, Sandstein und Schiefer mit Kalkvorkommen abwechseln.

Ihrer felsigen Beschaffenheit wegen kann man die Region Nordirlands mit der Westirlands vergleichen. Kristalline und vulkanische Gesteine, trotzdem aber ausgedehnte Karstgebiete, sorgen für landschaftliche Vielgestaltigkeit. »Irisches Yorkshire« wird die Zone von Sligo-Fermanagh genannt. Die zahlreichen Höhlen führen meist unterirdische Flüsse und sind für Touristen kaum zugänglich.

Eine besonders bemerkenswerte Höhle Englands liegt zwar nicht auf den Britischen Inseln, gehört aber unter die Oberhoheit Großbritanniens: die St. Michael's Cave in Gibraltar.

Die Höhlenforschung Englands steht unter einem ganz eigenen Aspekt: Sie ist Wissenschaft, wird aber häufig zugleich als Sport ausgeübt. England besitzt über 300 Höhlenforscher-Vereinigungen, die vor allem seit dem Zweiten Weltkrieg zahlreiche Höhlen genauer erforscht und vermessen haben. Verdient gemacht hat sich dabei vorwiegend die Spelaelogigal Society der Universität von Bristol.

St. Michael's Cave

Die Sankt-Michaels-Höhle liegt südöstlich vom Zentrum Gibraltars an der Westflanke des berühmten Felsens in 300 Meter Höhe. Sie ist schon seit langem bekannt und wurde bereits von den Römern besucht; »Calpe«, wie Gibraltar damals genannt wurde, beschrieb ein früher Geograph (Pomponius Mela) bereits als »Berg mit wunderbaren Höhlen, dessen Westseite wegen einer großen Höhle ganz offen ist«.

Früher glaubte man, daß die »Cathedral Cave«, wie sie damals hieß, bodenlos sei und daß ein unterirdischer Gang von 24 Kilometer Länge den »Rock of Gibraltar« (Felsen von Gibraltar) unter der Meerenge mit dem afrikanischen Kontinent verbinde. Durch diesen Gang sollen auch die be-

Oben links *Eine Höhlengrille (aus der Höhle von St. Kanzian), die sich mit ihren langen tastenden Fühlern im Dunkel orientiert.*

Unten links *Der blinde weiße Grottenolm (Proteus anguinus) vermehrt sich durch Eier, kann aber auch lebende Junge zur Welt bringen. In Europa kommt er nur in Jugoslawien vor.*

Oben rechts *Aus dem von der Höhlenspinne (Meta menardi) gesponnenen Nestkokon (3 bis 4 Zentimeter groß) schlüpft die Brut aus. Die kleinen Spinnen sind nur 3 bis 4 Millimeter groß.*

Unten rechts *Fledermaus beim Orten.*

rühmten Felsenaffen gekommen sein! Und man glaubte, daß der Tunnel im Inneren der St. Michael's Cave in der »Leonora Cave« mündete.
Wissenschaftliche Grabungen in der Höhle erbrachten Knochen von Altelefanten, Bären und Hyänen. Spuren von Menschen konnten anhand von Feuersteinen, Keramik und anderen Gegenständen aus dem Neolithikum nachgewiesen werden.
Die Höhle besteht aus einer »Upper Hall« (obere Halle), die auch »Hohe Halle« genannt wird. Von dieser Halle aus führen fünf Wege, die zwischen 12,5 Meter und 45,7 Meter lang sind, in eine kleine tiefere Halle. Durch enge Schlufe kommt man aus dieser Halle zu weiteren Höhlen, die in einer Tiefe von 62,5 Meter enden.
Für Besucher immer wieder von besonderer Anziehung ist ein Stalagmit, der, wie man annimmt, vor Tausenden von Jahren umgestürzt sein muß, als der Boden sein Gewicht nicht mehr tragen konnte. Eine 45 Millimeter dicke Scheibe des 1,35 Meter dicken Tropfsteins, der an manchen Stellen durchsichtig schimmert, wurde zur Demonstration seiner Entwicklungsgeschichte abgeschnitten: Zu Zeiten von übermäßigen Niederschlägen wuchsen hellbraune Ringe und Flächen, bei längeren Trockenperioden entstanden dunklere Flächen. Zwei weiße, krümelige Streifen sind besondere Zeichen seiner Entwicklung; es wird angenommen, daß sie die Entwicklung des Stalagmiten während zweier Eiszeiten anzeigen.
Als man einen zweiten Zugang sprengte, der heute als Ausgang benützt wird, entdeckte man weitere, steil hinabführende Höhlen, die mit einem kleinen See in 72 Meter Tiefe enden. Diese Gänge — mit zahlreichen in Form und Farbe variierenden Sinterformen und einigen kleinen Wasserbekken — werden heute »New St. Michael's Cave« genannt.
Allgemeines: Gesamtlänge der Höhlen einige 100 Meter. Elektrische Beleuchtung in durch Filter wechselnden Farben; Musikberieselung über Lautsprecheranlagen. Die »Upper Hall« wurde zu einem Konzertsaal mit internationalem Programm, Festivals, Konzerten, Balettabenden und anderem ausgebaut.

Mitchelstown Caves

Die Mitchelstown-Höhlen liegen in Irland, im Gebiet von Coolagarranroe in der Grafschaft Tipperary, etwa 12 Kilometer östlich von Mitchelstown in der Grafschaft Cork. Sie sind eingebettet in ein fruchtbares Tal zwischen der Sandstein-Hügelkette der Galtee-Berge im Norden und den Knockmealdown Mountains im Süden. In der Mitte dieses sehr schönen Tals (ca. 25 Kilometer lang, 8 Kilometer breit) findet man an einem Bergrücken, bestehend aus unteren kalkigen Schichten der Karbonformation, zahlreiche Höhlensysteme. Die bekanntesten unter diesen Höhlen sind die »Mitchelstown New Caves«, die »Old Desmond Cave«, die »Pollskeheenarinky-Höhle« und die »Lions-Carrigeen-Höhle«. Allerdings eignen sich nur die »Mitchelstown New Caves« als Schauhöhlen; die übrigen sind den erfahrenen Höhlenforschern vorbehalten.
Entdeckt wurden die Mitchelstown New Caves am 3. Mai 1833 von einem Landarbeiter, der bei seiner Arbeit in einem Steinbruch mit einer Art Brecheisen in eine Felsspalte geriet. Beim Herausholen des Werkzeugs vergrößerte sich überraschend die Öffnung, und die Höhle war freigelegt.
Die angrenzende, 800 Meter lange Old Desmond Cave war dagegen bereits Jahrhunderte früher entdeckt worden. Sie erhielt ihren Namen nach Graf Desmond, der dort im Jahr 1601 nach einer mißglückten Rebellion Zuflucht suchte. Leider wurde im Lauf der Zeit fast die ganze Gesteinsformation zerstört. Einen Teil der Funde hatte man 1847 als Zierrat verkauft. Nach der Entdeckung der neuen Höhlen wurde die alte Desmond-Höhle praktisch bedeutungslos.
Die neuen Höhlen sind nach Lord Kingsborough (oder Kingston) benannt, der seinen Sitz in Mitchelstown hatte. Sie zählen zu den bedeutendsten Schauhöhlen der Britischen Inseln, wenn nicht gar ganz Europas. Genau erforscht wurden sie von einer Gruppe englischer Geologen Anfang dieses Jahrhunderts und sind heute Anziehungspunkt für Höhlenforscher, Geologen, Studenten und interessierte Laien aus der ganzen Welt.
Diese Höhlen mit ihren außergewöhnlichen Gesteinsforma-

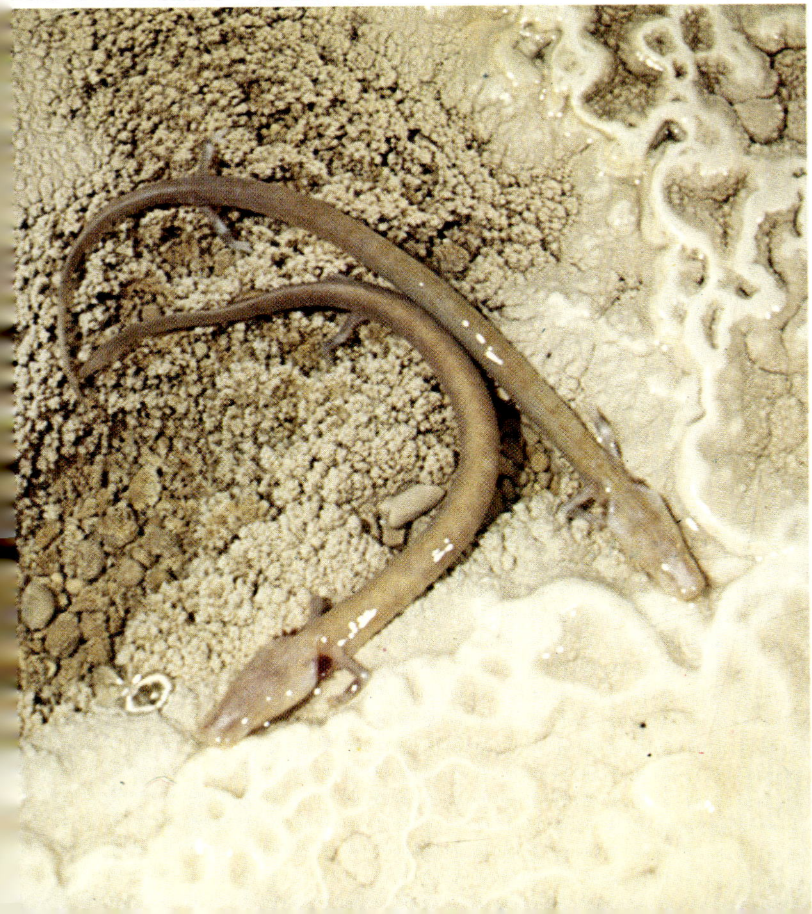

◁ *Die Mitchelstown Caves bilden ein 3000 Meter langes Labyrinth in 3 Etagen, die gut erhaltene Stalaktiten und Sintervorhänge aufweisen.*

Ein Wunder der Natur in der ewigen Nacht ▷ der Höhlen. Tropfwasser, einige Kältegrade und ein angeschwemmter Grashalm schufen dieses Fabelwesen.

In der Mitchelstown-Höhle. Außergewöhnliche Gesteinsformationen sowie Erosions- und Korrosionserscheinungen und verschiedene Wasserbecken zeugen vom Reiz der unterirdischen Welt.

tionen und den vielen großen Einzelhöhlen verfügen über einen insgesamt 3 Kilometer langen Führungsweg. Die größte der Einzelhöhlen mißt 100 mal 60 Meter und ist bis zu 32 Meter hoch.

Unter der bereits früh entdeckten Höhlenfauna befindet sich ein seltenes Exemplar einer Spinne. Angeblich soll sie nur in diesen Höhlen und in einer Höhle in Spanien vorkommen. Es ist eine blinde Spinnenart (Porrhoma-Myops).

Die jeweiligen Besitzer der Mitchelstown New Caves achteten besonders auf deren guten Zustand. Der heutige Besitzer, Mr. Jackie English, ließ 800 Meter seiner Höhle zu einer der berühmtesten Schauhöhlen Europas ausbauen. Sie stellen die ersten Höhlen Irlands dar, die über elektrische Beleuchtung verfügen, und zwar seit 1972. Die Lichtquellen wurden so installiert, daß die natürliche Schönheit der Gesteine noch mehr zur Geltung kommt. Farbige Lichteffekte wurden vermieden; die gesamte Anlage ist nach Beratung von Höhlenforschern angeordnet, wobei die erforderlichen Kabel unauffällig verlegt wurden.

Die Höhle versteht sich fast als ein »Dienst am Mitmenschen«, mit dem Ziel, die Schönheiten der Natur möglichst vielen zugänglich zu machen. Die Mitchelstown New Caves gelten übrigens als die am wenigsten kommerzialisierten Höhlen Europas. Es gibt keine Cafés oder Andenkenläden — dafür kann uneingeschränkt fotografiert werden, vorausgesetzt, die Fotos dienen nicht gewerblichen Zwecken. Zum Unterhalt der Höhlen werden pro Person bei der täglichen Führung nur 50 Pence erhoben, Studenten zahlen die Hälfte.

In den drei großen Einzelhöhlen, »Coleman's Gallery«, »House of Commons« und »House of Lords«, ist der Besucher von einigen wirklich schönen Kalzit-Formationen umgeben. Mit Worten könnte man die Pracht der Mitchelstown-Höhle in der Tat nicht beschreiben! Die »House of Lords«-Höhle ist zweifelsohne der Höhepunkt der Führung. Abgesehen von ihren hervorragenden Gesteinsformationen bietet sie eine Vielfalt faszinierender Farben, entstanden durch die von Kalkstein gereinigten Mineralien: Braun stammt von Eisenoxid, Blau von Kupferspat, Schwarz von Magnesium und Grau von Blei und Zink. Man könnte diese Höhlen als eines der »Wunder von Irland« bezeichnen. Zu dem vom Besitzer selbst verfaßten Bericht, der hier in den Text eingegangen ist, wäre nur hinzuzufügen, daß kein »Moneymaker« seine Höhle anpreist, sondern daß hier ein Idealist seine Höhle sozusagen als Dienstleistungsbetrieb betrachtet, wie aus dem niedrigen Eintrittspreis, dem Verzicht auf effekthascherische farbige Beleuchtung und der Erlaubnis zum Fotografieren hervorgeht. Leider haben viele Schauhöhlenbetriebe noch nicht verstanden, daß Aufnahmen, die von den Besuchern selbst gemacht wurden und die mit großer Begeisterung in Verwandten- und Bekanntenkreisen vorgeführt werden, eine größere Werbewirkung haben können, als die an den Kiosken verkauften, tausendfach kopierten und sehr oft dazu schlecht aufgenommenen Seriendias.

Für viele Schauhöhlen gilt ebenfalls eine Kritik, die zugleich Verbesserungsvorschlag sein will: Statt weiße indirekte Beleuchtung zu verwenden, bei der man einzelne oder auch größere Sinterpartien aus dem dunkleren Hintergrund herausheben und die natürlichen Farben und Formen der Tropfsteine zur Geltung bringen kann, werden ganze Räume buchstäblich in eine rote, blaue, gelbe oder grüne »Soße« getaucht; die natürlichen Farben und Formen sind fast nicht mehr zu erkennen. Für die Stromleitungen und Scheinwerfer der Beleuchtung findet man vielfach an herausstehenden Eisenschienen ganze Serien von Isolatoren montiert, von denen die Lichtkabel weit herunterhängen oder gar kreuz und quer durch Hallen und Gänge verspannt sind. Man könnte die Lichtleitungen gut am Boden, den Wänden entlang mit wasserdichten, biegsamen Kunststoffröhren verlegen und mit in der Farbe passendem Sand oder Spritzbeton abdecken; die Steigleitungen, Schalt- und Verteilerkästen in Rissen, Spalten oder in eingefrästen Nuten einbauen und ebenfalls mit Spritzbeton in passender Farbe abdecken. Wenn die manchmal riesigen Scheinwerfer in Klüften und Nischen nicht untergebracht werden können, dann besteht die Möglichkeit der Montage auf Absätzen und Stufen oder in einer Ecke des Raums und der Abdeckung mit aus der Höhle stammenden Steinen: Eine indirekte Beleuchtung entsteht, eine Blendung der Besucher wird verhindert.

Die Höhlen Belgiens

Die Grotte de Han ist die größte Höhle Belgiens mit einem komplizierten System von Hallen und Gängen. Der berühmte »Salle du Dôme« mißt 150 mal 140 Meter und ist 129 Meter hoch. Ausgrabungen erbrachten Funde aus dem Neolithikum bis in historische Zeiten.

Die Höhlengebiete Belgiens liegen im wesentlichen in den Ardennen und deren Randzonen, denn dort findet sich über einen breiten Gebietsstreifen von 130 Kilometer Länge und 50 Kilometer Breite Kalkgestein aus dem Paläozoikum. Nur einige Höhlen sind weiter westlich noch in der Provinz Hainaut anzutreffen.

Belgiens Höhlen weisen eine starke Bindung an sogenannte Kluftsysteme auf: Der Grundriß der Höhlen läßt die Hauptrichtung des Kluftnetzes erkennen; der Aufriß zeigt den kluftbedingten Schachtcharakter, den die meisten der Höhlen besitzen. Dabei reichen dicht nebeneinanderliegende Parallelschächte in Tiefen von 20 bis 60 Meter.

Die Höhlen sind vor allem Tropfsteinhöhlen, und es gibt einige mit prähistorischen Funden, die jedoch für Touristen nur begrenzt interessant sind. Typische Erosionsformen weisen die Flußhöhlen auf. Eine dieser besonders schönen Fluß- und Tropfsteinhöhlen ist die größte, als Schauhöhle ausgebaute Höhle Belgiens, die Grotte de Han.

Die Höhlenforschung setzte in Belgien sehr früh ein. 1822 erkundete man die Höhlen von Han und Rochefort, und bis heute sind bereits über 2000 Höhlen in Belgien listenmäßig erfaßt.

Grotte de Han

Die in früheren Zeiten das »Loch von Picot« oder auch das »Loch von Belvaux« genannte Grotte de Han liegt im Tal der Lesse in den Ardennen nahe dem Dorf Han-sur-Lesse. 1771 unternahm ein Abt namens Feller einen Besuch der Höhle und veröffentlichte darüber einen aufsehenerregenden Bericht. Geologen und Archäologen begannen sich zu interessieren, ebenso 1822 die Akademie der Wissenschaft und Kunst; Ausflüge und Führungen wurden organisiert. Baron Edouard de Spandl de l'Herze erwarb 1854 die Grotte und ließ den Zugang zur Höhle verbessern, die Durchgänge erleichtern und neuentdeckte Säle erschließen. Seine Erben gründeten 1895 eine Aktiengesellschaft, die 1904 auch noch Eigentümer der Grotte von Rochefort wurde. Man baute die Höhle aus und ließ sie mit elektrischem Licht versehen.

Die Grotte de Han liegt in Kalken aus dem Devon und besteht aus einem komplizierten System unterirdischer Gänge, die sich kreuzen und von mehreren Hallen unterbrochen werden.

Der »Salle du Dôme« ist mit 150 Meter Länge, 140 Meter Breite und 129 Meter Höhe der größte Saal. Zahlreiche in Form, Größe und Farbe variierende Sinterbildungen, die dort vorkommen, erfreuen das Auge ebenso wie bemerkenswerte Erosionsformen. In der Höhle war einige Jahre ein biologisches Laboratorium in Betrieb, von dem man heute jedoch nichts mehr hört. Bei alten und neuen Grabungen fand man einige Menschen- und Tierknochen, vor allem aber auch Spuren menschlicher Tätigkeit, die vom Neolithikum bis in die neuere Zeit reichen.

Der Eingang der Grotte de Han liegt in einem Wildreservat, durch das vom Dorf aus eine Schienenbahn fährt. Auf dieser Fahrt zum Eingang kommt man am »Gouffre de Belvaux« (gouffre = Abgrund, Schlund) vorbei, wo die Lesse unter der Erde verschwindet.

Der Führungsweg durch die Grotte de Han ist etwa 3 Kilometer lang. Nach einem Rundgang durch verschiedene Gänge und Hallen wird der unterirdische Fluß überquert, der »Salle du Dôme« besichtigt und mit einem Boot eine 185 Meter lange Strecke bis zum Ausgang, dem Trou de Han (trou = Loch), wo die Lesse wieder oberirdisch zutage tritt, befahren. Der Höhlenausgang liegt nur 600 Meter vom Dorf Han-sur-Lesse entfernt. Bei Hochwasser entfällt allerdings die Kahnfahrt.

Die sehenswerte Grotte de Han ist die größte Höhle Belgiens; ihre Gesamtlänge kann 8500 Meter erreichen, wenn die Verbindung mit dem Trou des Crevés und den Grottes du Père Noël, die demselben Höhlensystem angehören, hergestellt ist.

Sie wird jährlich von 200 000 Menschen besucht.

Wichtige Daten: Die Höhle liegt 1,2 Kilometer von Han-sur-Lesse und 24 Kilometer von Dinant entfernt. Sie ist ganzjährig geöffnet. Im Dorf kann man das »Musée du Monde souterain« mit seiner interessanten höhlenkundlichen Ausstellung besuchen.

Die Höhle von Orgnac zählt zu den schönsten Höhlen Frankreichs. Ihr bedeutendster Saal ist der »Salle Superieure«, der die Ausmaße von 250 mal 100 Meter besitzt und terrassenförmig aufgebaut ist. Seine Höhe wechselt zwischen 17 und 40 Meter.

Die Höhlen Frankreichs

Die Höhlengebiete Frankreichs liegen in klimatisch und geologisch sehr verschiedenartigen Gebieten. In den Pyrenäen und deren Vorbergen befinden sich die Höhlen in einer Zone, in der die Schneelage über vier Monate andauert und die jährliche Niederschlagsmenge mehr als 1500 Millimeter beträgt. Diese Umstände begünstigten die Höhlenentwicklung sehr stark. Zum Teil sind es aktive Wasserhöhlen, Eishöhlen und Karsthöhlensysteme mit Schächten und unterirdischen Gerinnen, die zu den tiefsten und berühmtesten der Erde gehören. Die größtenteils in Kalksandsteinen der Kreidezeit liegenden Höhlen in Perigord wurden durch reiche urgeschichtliche Funde sehr bekannt, so etwa die Höhlen von Lascaux und Rouffignac bei Périgieux. Im näheren Umkreis von Les Eyzies bei Périgeux liegt eine größere Zahl von sehr bekannten Höhlen. Die Kalktafeln der Causses liegen etwas weiter östlich in Mittelfrankreich, ihre Höhlen sind vielfach nur von oben durch Schächte zugänglich, nach Erreichung der horizontalen Strecken kann man weithin unterirdischen Gewässern folgen. Der Gouffre de Padirac, südwestlich von Clermont-Ferrand, und der Aven Armand im Languedoc besitzen große touristische Bedeutung. Dem gleichen Typus prächtiger Tropfsteinhöhlen gehört auch der Aven d'Orgnac im Languedoc an. Im weiteren Umkreis von Grenoble, in den Savoyer Alpen, finden sich Kalkstöcke, die von einem Netz von Höhlengängen durchzogen werden, welche beträchtliche Höhenunterschiede und bedeutende Längen aufweisen. Hier liegt auch der Gouffre Berger, der mit 1141 Meter Tiefe die zweittiefste Schachthöhle der Erde ist. Die Seealpen an der französischen Riviera besitzen Schachthöhlen, Tropfsteinhöhlen und Höhlen mit vielen urgeschichtlichen Funden in großer Zahl und reicher Vielfalt. Im Jura auf französischer wie auch auf Schweizer Seite findet man meist kleinräumige und teilweise hochwassergefährdete Höhlensysteme von beachtlicher Länge und Tiefe. In der Umgebung von Bar-le-Duc in den Vogesen treten Schachthöhlen von geringen Tiefen oder enge, niedrige Kleinhöhlen auf. Im Norden und Nordosten Frankreichs sind die Höhlen zumeist unbedeutend.

15000 Höhlen sind in Frankreich einschließlich Monaco und Korsika bekannt, mehrere hundert davon können für Touristen empfohlen werden (über 48 der schönsten Schauhöhlen Frankreichs gibt die ANECAT, 12 rue Lamandé, 75017 Paris, die Vereinigung der Schauhöhlenbesitzer Frankreichs, Auskunft). Bei den für den Tourismus erschlossenen Höhlen wurden alle möglichen technischen Hilfsmittel eingesetzt: Aufzüge, Schrägaufzüge, Schienenbahnen, erklärende Lautsprecherdurchsagen in mehreren Sprachen, Musikberieselung sowie vielfarbige elektrische Beleuchtungen. In einigen Höhlen gehören Kahnfahrten zum Führungsprogramm.

Aven d'Orgnac

Zwischen dem Kastental der Ardèche und jenem der Cèze liegt der Wald von Ronze, der bis zu 400 Meter hoch ansteigende Hügel aus Kalkstein bedeckt. Gegen Süden dieses Waldgebiets, nahe dem Dörfchen Orgnac, klafft die Öffnung der Höhle von Orgnac. Es ist ein Schacht von 40 mal 25 Meter Ausmaß, den man früher »Le Bertras« nannte und der nicht mehr als Einstieg benützt wird. Heute gibt es einen anderen Zugang mit Aufzug und einem künstlichen Stollen von 105 Meter Länge.

Die Höhle entstand durch einen unterirdischen Wasserlauf, der am Ende des Tertiärs (vor ca. 2 Millionen Jahren) in einer Tiefe von 150 Meter unter den Hügeln hindurchfloß. Sie ist eine von vielen in diesem Gebiet entstandenen Tropfsteinhöhlen und besitzt eine Länge von 3850 Meter, einschließlich der 1965 neuentdeckten Hallen Orgnac II, III und IV, die sehr eindrucksvoll sind. Als Schauhöhle wurde bis zum Jahr 1939 nur der vor dem Zweiten Weltkrieg entdeckte Teil ausgebaut. Die weiteren Hallen können jedoch zum Teil auf Anfrage besichtigt werden.

L'Aven d'Orgnac wurde 1935 zum ersten Mal erforscht, als der Präsident der Société Spéléologique de France, Robert de Joly, am 19. August des Jahres mit seinen Begleitern Glory, Petit, Latour und Chagnard mit Hilfe einer Strickleiter in die Höhle einstieg. Dieser erste Abstieg dauerte 10 Stunden.

Der bedeutendste Abschnitt der Höhle ist der sogenannte

Seite 87 Gigantische, eigenartig gewachsene Stalagmiten, Gebeine von Menschen aus dem Neolithikum und Knochen längst ausgestorbener Tiere haben den Aven d'Orgnac berühmt gemacht.

Salle Supérieure, der »obere Saal«, dessen Grundfläche 250 mal 100 Meter beträgt. Durch eine fast terrassenförmige Anlage des Raums wechselt seine Höhe zwischen 17 und 40 Meter. Die Besonderheit dieser Halle von Orgnac I ist die dort aufgestellte Urne mit dem Herzen Jolys.

Eine Fülle interessanter Verhärtungen sind in dieser Höhle anzutreffen: Stalaktiten, Stalagmiten, Vorhänge, Sinterbekken und Höhlenperlen von unwahrscheinlicher Schönheit. Ein »dreiteiliger Stalagmit« erzählt von einer Entstehungszeit während dreier Zeitspannen: Mehr als 200000 Jahre lang brauchte der »Turm von Pisa«, ein 12 Meter hoher und 4,5 Meter breiter (Durchmesser) Stalagmit. »Kienapfel« wird ein mehr als 100000 Jahre alter, 12 Meter hoher Stalagmit genannt, und der größte der »Großen Stalagmiten« der Höhle erreicht eine Höhe von 30 Meter. Damit sind nur einige der schönsten Stalagmiten aufgezählt.

Besonders bemerkenswerte Stellen kann der Besucher überall in der Höhle finden: Aus 86 Meter Höhe tropft das Wasser auf kleine Tonpyramiden, die es einst formte. Ein »Cañon von Colorado« ist in Miniatur zu bewundern, ebenso »Le Faune«, ein Teufelskopf mit zwei gleichen Hörnern und einem Kinnbart. Sehr gegensätzlich und zueinander schrägstehende Stalagmiten, »Les Divergentes«, befinden sich unter einem farbigen baldachinähnlichen Dach am Ausgang des »Salle Supérieure«. Im Bereich der obenerwähnten »Großen Stalagmiten« klafft eine Spalte, »La Fissure«, mit einer Tiefe von 20 Meter, während die Spalte an der höchsten Stelle des sogenannten Grand Chaos, angrenzend an die »Salle Cèze«, nur 12 Meter tief ist. Vieles wäre noch zu nennen, so die »Roten Säle«, die »Weiße Kapelle« und anderes. Zwischen Blöcken fand man in der roten Erde der Höhle Knochen und Skelette von Menschen und längst ausgestorbenen Tieren aus dem Neolithikum.

Allgemeines: L'Aven d'Orgnac liegt 2 Kilometer nordwestlich von Orgnac-L'Aven, 50 Kilometer nordwestlich von Avignon im Département Ardèche. Führungen vom 2. März bis 30. November, täglich von 9 bis 12 Uhr und von 14 bis 18 Uhr. Auskunft: Aven d'Orgnac, Orgnac, F-07150 Vallon-Pont-d'Arc, Tel. 1 14 Orgnac Paraubenas.

Die Höhlen der Schweiz

Die Schweiz weist zur Zeit über 1800 registrierte Höhlen auf. Sie liegen hauptsächlich im Jura und in den Alpen, einschließlich des Tessins. Auch im Sandstein und in Moränenablagerungen des Mittellandes sind verschiedene Höhlen verborgen.

Derzeit werden gewaltige Karstregionen erforscht, denn das Höhlenvorkommen wird insgesamt auf über 3000 geschätzt. 500 nachgewiesene Höhlen enthält allein der Waadtländer Jura. Die Rochers de Naye im Kanton Waadt und der Raum um Leysin mit dem Gouffre de Cheffrir (Waadt) sind wichtige Höhlengebiete. Im Kanton Neuenburg (Neuchâchtel) zählte man 270 Höhlen, und auch im Berner Jura und nach Osten zu bis in den Jura von Schaffhausen kann man einige Höhlen antreffen. Sehr viele Höhlen weisen die Kalkalpen auf. Einige davon sind bemerkenswert und durch Ausgrabungen bekannt geworden.

Für viele der Schweizer Höhlen gilt: sie liegen meist abseits der Straßen und sind schwierig zu erreichen, insbesondere die schwer zugänglichen Gebirgshöhlen wie Wildmannlisloch, Drachenloch, Schnurenloch und andere. Bei vielen Höhlen der Schweiz ist der Tropfsteinschmuck fast gänzlich zerstört, und sie besitzen daher nur begrenzt das Interesse der Touristen.

Besonders erwähnenswert ist seiner großen Schönheit und seines Vorkommens wegen der unterirdische See von St. Leonhard bei Sion im Kanton Wallis, der in einem Gipssteingebiet (Trias) liegt. Mit 124 Kilometer Ganglänge ist das Hölloch im Muotatal bei Schwyz die längste Höhle Europas und zweitlängste Höhle der Erde. Sie weist innerhalb ihres Systems einen Höhenunterschied von 827 Meter auf.

Die Höhlenforschung setzte in der Schweiz erst spät ein — wenn auch erste Befahrungen von Höhlen bereits aus dem 18. Jahrhundert datieren. 1939 wurde die Schweizerische Gesellschaft für Höhlenkunde in Genf gegründet. Bald darauf entstanden Sektionen und Kommissionen in einigen Teilen des Landes, die Höhlenforschung nicht mehr nur als abenteuerlichen Sport, sondern heute vor allem als Wissenschaft betreiben.

120 Meter über dem Thuner See liegt die Beatushöhle. Ihr Führungsweg ist 1 Kilometer lang. Er geht am »Spiegelsee« (im Bild) vorbei durch große Hallen, enge, tropfsteingeschmückte Gänge und zu tosenden mehrstufigen Wasserfällen.

In der St.-Beatus-Höhle. Eigenartig geformte Stalaktiten, Stalagmiten und Sintervorhänge begleiten unseren Weg. Beachtenswert sind auch die zahlreichen Erosions- und Korrosionserscheinungen.

Wasserfall in der »Milton-Grotte« der Beatushöhle. Die Höhle wird vom Beatenbach durchflossen, der eine jährliche Schüttung von 3,5 bis 5 Millionen Kubikmeter hat, das sind zwischen 150 bis 725 Liter pro Sekunde.

St.-Beatus-Höhlen

Das ausgedehnte Höhlensystem der St.-Beatus-Höhlen liegt bei Interlaken am nördlichen Ufer des Thuner Sees. Es war schon vor Jahrtausenden von Höhlenbewohnern besiedelt. Nach alten Überlieferungen dienten die Beatus-Höhlen im 6. Jahrhundert dem hl. Beatus, der mutmaßlich zu den irischen Glaubensboten gehörte, als Wohnstätte, in der er mit 90 Jahren starb. Die von ihm zum Christentum bekehrten Umwohner bestatteten ihn unter dem harten Fels vor der Höhle.
Die Beatus-Legende machten sich dann im späten Mittelalter Augustiner zunutze, um einen jahrhundertelang vielbesuchten Wallfahrtsort mit Kirche, Pfarrhaus und Pilgerherberge zu schaffen, deren Ruinen noch zu sehen sind. Der Wallfahrtsort St. Batten verlor mit der Reformation im Jahr 1528 jedoch seine Bedeutung, da die Verehrung der Heiligen abgeschafft wurde. Das Beatus-Kirchlein und die Pilgerherberge wurden in den späteren Wirren zerstört und die Zelle des Heiligen durch eine dicke Mauer verschlossen. Als um die Mitte des 18. Jahrhunderts das Berner Oberland die Aufmerksamkeit von Naturforschern, Malern und Reisenden auf sich zog, wurde auch diese einzigartige Stätte am Thuner See wieder mehr besucht, darunter von berühmten Persönlichkeiten wie Goethe, der 1779 die Beatus-Klause aufsuchte. Es kamen Lord Byron, Vigée-Le Brun, Madame de Staël, Madame Récamier, Schillers Gemahlin Charlotte von Lengefeld, Richard Wagner — um nur einige zu nennen. Wagemutige Besucher wurden von dem aus der Höhle fließenden und über einen Felsen in die Tiefe stürzenden Wasser schon von jeher ins Innere der Höhle gelockt. Der Kunstmaler Hans Stähli drang 1811 bei dem ersten Versuch 200 Meter weit in den Berg ein. Ihm folgte 1848 der Kapitän des ersten Thuner-See-Dampfers, Johannes Knechtenhofer, der bis zur später nach ihm benannten »Kapitänsgrotte« gelangte. Unter der Leitung des Verkehrsdirektors, Hermann Hartmann, wurde 1903 mit der systematischen Erforschung zum Zweck der Erschließung der Höhlen begonnen. Auf das Felsengrab des hl. Beatus stieß man am 3. April 1904 bei der Wegräumung des Mauerschutts vor der Zelle. Die Höhlen konnten am 20. Juli 1904 nach zahlreichen Sprengungen, Anlegen von Wegen, Treppen und Stegen und nach Einbau der elektrischen Beleuchtung der Öffentlichkeit übergeben werden.
Die Führung beginnt bei der Höhlenterrasse, von der man, über eine Felstreppe aufsteigend, in die mit interessanten Herdfunden und der figürlichen Darstellung einer Familiengruppe ausgestattete prähistorische Felswohnung gelangt. Die Waffen sind Nachbildungen aus jener Urzeit. Zur heiligen Zelle der Beatus-Grotte führen einige Stufen. Aus ihr soll der Heilige den Drachen vertrieben haben. Von der Zelle aus gelangt man weiter durch einen künstlichen Stollen in die »Bachhöhle«. Auf gut ausgebauten Wegen durchschreitet man in beeindruckend abwechslungsreicher Folge große, weite Hallen mit tosenden Wasserfällen, enge Gänge und mit prächtigen Tropfsteinen geschmückte Grotten. Der ausgebaute Führungsweg hat eine Länge von rund 1000 Meter.
Die Anziehungskraft der Beatus-Höhlen beweisen die jährlich steigenden Besucherzahlen, die auf über 92 000 (1973) angewachsen sind.
Die Beatus-Höhlen enden nicht mit dem Schauhöhlenteil, sie ziehen sich noch mehrere Kilometer in den Berg hinein. Im Oktober 1970 waren bereits 5323,6 Meter erforscht und vermessen. Zu dieser Zeit betrug der Höhenunterschied vom Eingang bis zum hintersten Punkt 290 Meter. Die Neuforschungen werden von der Sektion Interlaken und der Sektion Bern der Schweizerischen Gesellschaft für Höhlenforschung durchgeführt.
Wichtiges: Die Beatus-Höhlen bei Interlaken/Schweiz sind Eigentum des Staates Bern. Man kann sie per Schiff oder mit dem Auto auf der prächtigen Felsenstraße und zu Fuß auf dem historischen Pilgerweg erreichen. Vom Palmsonntag bis 30. September finden je nach Bedarf ungefähr alle 20 bis 60 Minuten Führungen statt. Das Fotografieren in der Höhle ist nicht gestattet.
Auskunft: Beatus-Höhlen-Genossenschaft, CH-3801 Sundlauenen, Tel. (0 36 41) 16 43.

Die Höhlen Österreichs

Durch ein Eisportal blickt man in der Eisriesenwelt im Tennengebirge auf dahinterliegende Eissäulen und Vorhänge bis zu dem von Rissen durchzogenen Muttergestein des Hochkogels (2282 m), in dem die Höhle liegt.

Ein Sechstel Österreichs besteht aus Karstgebieten, die im wesentlichen in den Alpenregionen liegen. Die meisten Höhlengebiete Österreichs befinden sich in den Nördlichen Kalkalpen; die größeren Höhlensysteme gehören den Gebieten des alpinen Hochkarstes an und haben sich im sogenannten Dachsteinkalk (Obere Trias) entwickelt.

Die größte Höhlendichte weisen die Salzburger Kalkalpen beiderseits des Salzachtals auf. Wien und das Burgenland dagegen besitzen wenige Höhlen und keine Schauhöhlen. Viele Höhlen, jedoch ebenfalls keine Schauhöhlen, sind in Vorarlberg anzutreffen. Eine besonders schöne Schauhöhle, die Tropfsteine in lebhaften bunten Farben zeigt, findet sich in Kärnten. Auch Tirol besitzt nur eine, zudem noch schwer erreichbare Schauhöhle. Von den neun Bundesländern sind vor allem Niederösterreich, Oberösterreich, die Steiermark und das Land Salzburg reich an Schauhöhlen. Dieses kann mit der Gruberhornhöhle im Hohen Göll die tiefste Höhle Österreichs mit einer Tiefe von 854 Meter aufweisen und steht mit der 42 Kilometer langen Eisriesenwelt im Tennengebirge in der Liste der längsten Höhlen der Welt an achter Stelle.

In der Höhlenforschung spielte Österreich von jeher eine bedeutende Rolle: 1879 wurde der erste Höhlenforscherverein der Welt in Wien gegründet und die erste wissenschaftliche Fachzeitschrift herausgegeben. Heute genießt der Verband der Österreichischen Höhlenforscher — mit Sitz in Wien — einen weltweiten Ruf unter den Speläologen.

Nähere Auskunft: beim Verband Österreichischer Höhlenforscher, Obere Donaustraße 99/7/1/3, A-1020 Wien.

Eisriesenwelt

Im Kalkmassiv des Tennengebirges bei Werfen im Pongau liegt die Eisriesenwelt. Sie ist die größte Eishöhle der Welt und eines der größten Höhlensysteme der Erde überhaupt. Mehr als 42 Kilometer ziehen sich die Hallen, Gänge und Labyrinthe in die Tiefe des Berges. 30000 Quadratmeter Bodeneis, das teilweise eine Dicke von 20 Meter erreicht, bedeckt den vorderen, fast ein Kilometer langen, ansteigenden Eisteil der Höhle. Gesteinstemperaturen unter Null Grad Celsius entstehen durch die Kälte der einströmenden Winterluft. Bei Eintreten der Schneeschmelze sickert und tropft das Schmelzwasser durch feine Risse und Spalten in die Höhle, gefriert und formt Eisgebilde von einmaliger Schönheit und Größe, die das ganze Jahr über bestehen bleiben. Im Frühjahr strömt warme Außenluft in die kalten Höhlenräume, und durch die plötzliche Abkühlung dieser Warmluft entstehen wunderbare Rauhreifkristalle, die Wände und Eisfiguren überziehen oder in Büscheln wie vereiste Tannenzweige von der Decke herunterhängen. Gänge und Hallen von riesenhaften Ausmaßen wechseln mit Engstellen ab, durch die im Sommer ein wahrer Sturmwind der nach draußen strömenden Kaltluft der Höhle braust. Die Eisriesenwelt ist eine sogenannte dynamische Eishöhle und eine echte Windröhre.

Der nach Süden gerichtete Eingang zur Höhle öffnet sich in der steilen Westwand des Hochkogels (2282 m) in 1641 Meter Höhe und ist vom Tal aus nicht einzusehen, da er durch den vorgelagerten Achselkopf und von einer Felsrippe verdeckt wird. A. von Posselt-Czorich, ein Tourist aus Salzburg, beging 1879 die Höhle auf eine Länge von 200 Meter und berichtete 1880 in einem Artikel darüber. Dann geriet die Höhle wieder 32 Jahre in Vergessenheit. Der Begründer der neueren Höhlenforschung und des Vereins für Höhlenkunde in Salzburg (1911), Alexander von Mörk, regte 1911/12 neue Forschungsfahrten an. Er überwand mit zwei Gefährten den großen, nahezu senkrechten Eiswall in der Höhle, der sie fast in der ganzen Breite sperrte, und durchtauchte als erster den »Sturmsee«. Der Erste Weltkrieg setzte 1914 seinem Leben ein Ende. 1919 nahmen Ing. W. Freiherr von Czoernig-Czernhausen, Dr. Fr. Oedl, Dr.-Ing. Robert Oedl, Gustav Abel und andere die systematische Forschung wieder auf. Der Münchner Lichtbildner Alfred Asal (gestorben 1957) machte die ersten brillanten Aufnahmen des Höhleninneren. Durch v. Czoernig und Robert Oedl wurde die Höhle, soweit bekannt, mit Theodolit und Maßband vermessen und in einem Plan festgehalten. Die großen epochemachenden Entdeckungen gelangen Anfang der zwan-

Die Eisriesenwelt im Tennengebirge ist mit 30 000 Quadratmeter Bodeneis, das teilweise eine Dicke von 20 Meter erreicht, die größte Eishöhle der Erde, und mit über 42 Kilometer Gesamtlänge zählt sie zu den längsten Höhlensystemen der Welt.

ziger Jahre. Dabei erkannte man, daß es sich um die größte Eishöhle der Welt und zugleich um ein Naturdenkmal handelte, das man der Allgemeinheit nicht vorenthalten dürfe.
Bereits 1920 wurde auf dem Achselkopf ein Stützpunkt, die »alte Forscherhütte«, erbaut, und man legte die ersten, noch recht primitiven Steiganlagen zur Höhle und in ihr an. 1924 wurde im Eisteil ein durchlaufender Treppenweg eingebaut und von 1923 bis 1925 das Dr.-Friedrich-Oedl-Haus auf dem Achselkopf (1575 m) mit 34 Betten und 30 Matratzenlagern errichtet. Es dient noch heute als Stützpunkt für die Höhlenbesucher und die Betreuungsmannschaft. 1953 begann man mit dem Bau einer 6 Kilometer langen Zufahrtsstraße und legte 1955 eine Kleinseilbahn an mit zwei geschlossenen Gondeln für jeweils 8 Fahrgäste. Sie kann in der Stunde 200 Personen in beiden Richtungen befördern. In romantischer, für manche allerdings auch gruseliger Fahrt wird man von der Seilbahn in wenigen Minuten entlang steiler Felsen zur 1586 Meter hoch gelegenen Bergstation gebracht; Ausgangspunkt ist die Wimmer-Raststation (1080 m), die man vom Ende der Zubringerstraße aus in 15 Minuten auf einem schönen Waldweg erreichen kann. Diese Kleinseilbahn gehört zu den steilsten in Europa.
Hinter dem Dr.-Friedrich-Oedl-Haus (1 Minute von der Bergstation) beginnt der Weg zur Eisriesenwelt, deren riesiges Eingangsportal in der fast glatten Wand des Hochkogels vom Haus aus zu sehen ist. Auf dem »Beißzangensteig«, der in den Fels des »schauerlichen« Achselgrabens hineingesprengt wurde, erreichen wir in 20 Minuten den in 1641 Meter Meereshöhe und 1130 Meter über der Salzach gelegenen Höhleneingang. Wie ein Tor zur Unterwelt öffnet sich das 18 Meter hohe und 20 Meter breite Rundgewölbe, in dem wir auf einer Stiege zur 1664 Meter hoch gelegenen »Posseltschwelle« aufsteigen. Nach einer kurzen Rast steigen wir ein kleines Stück hinunter zum Lampenhäuschen, vor dem die Karbidlampen verteilt werden. Das schön geformte Tonnengewölbe, das außer durch Erosion (mechanische Ausschleifung) wohl auch durch Verwitterung von außen die heutige Form angenommen hat, verengt sich und geht in eine Dreiecksform über. Die tektonische Firstplatte, die den Wässern ihren Weg vorgeschrieben hat, verläuft von Süden nach Norden mit einer leichten Krümmung nach Westen. Sie zieht 600 Meter in die Berge hinein, und zwar bis zum Nordende des »Alexander-von-Mörk-Doms«.
In einem kleinen Seitenstollen der Nordostwand des »Mörk-Doms«, einer Felspyramide über dem Eis, wurde 1925 die Urne mit der Asche Alexander von Mörks von seinem Freundeskreis beigesetzt und damit der letzte Wunsch des Mannes erfüllt, der die Eisriesenwelt der Vergessenheit entrissen und den Anstoß zur Erschließung gegeben hat. Durch einen eisfreien Nebengang steigen wir zum Schluß hinunter zum 70 Meter langen und 25 Meter breiten »Eispalast«, der im Frühjahr eine spiegelglatte Eisfläche aufweist, die im Sommer von Schmelzwasser bedeckt ist. Wir sind hier am Ende des Führungswegs, 800 Meter vom Eingang entfernt. Auf dem Weg hatte der Wind mehrfach unsere Karbidlampen ausgeblasen, in deren schwachem Schein wir die unglaublichen Schönheiten erkennen lernten und auch Zeichen der Winderosion studieren konnten: Eingeschnittene Randklüfte und Hohlnischen verdanken ihre Entstehung dem unablässigen Höhlenwind, der feinen Flugsand mitbringt und damit das Eis ständig abschleift. Die weißen Schichten im Eis sind von traubenförmigen Luftbläschen erfüllt, während die blauen Schichten aus kompaktem, luftleerem Eis bestehen. Dies ist so zu erklären, daß beim langsamen Gefrieren die Luft entweichen konnte, beim raschen jedoch nicht und daher im Eis eingeschlossen blieb.
Nach wenigen Minuten erreichen wir wieder das Tageslicht. Nur ein Fünfzigstel der Höhle können die Besucher des Schauhöhlenteils sehen, denn die Höhle zieht sich noch viele Kilometer in den Berg hinein. Der wunderbar glitzernde, alle Formen aufweisende farbenprächtige Eisschmuck macht den Eisteil zum schönsten Teil der Höhle.

Lurgrotte

Die Lurgrotte liegt bei Semriach und Peggau in der Steiermark. Vom eigentlichen »Lurloch« bei Semriach, das vom Schauhöhlenbetrieb den Namen »Lurgrotte« nach dem Vor-

In der Semriacher Lurgrotte. Vom durchströmenden Wasser wurde der dunkelblaugraue gebänderte, von weißen Kalzitadern durchzogene Schöckelkalk glattgeschliffen und teilweise gepunzt. Auf ihm hat sich stellenweise gelber Sinter festgesetzt.

bild der Adelsberger Grotte erhielt, wurde der Name auch auf die Höhle am entgegengesetzten Ende des großen Höhlensystems übernommen; und so wurde aus dem ehemaligen »Schmelzloch« die Peggauer »Lurgrotte«.

Die Lurgrotte ist eine der bekanntesten Höhlen der Steiermark. Sie verläuft vom Kesseltal bei Semriach nach Peggau. In dieser Richtung erfolgte auch ihre Erforschung, die sich über Jahrzehnte hinzog und bis heute noch nicht beendet ist. Verhältnismäßig früh wurde man auf die Höhle aufmerksam. 1871 wurde sie zum ersten Mal erwähnt. 1893 betraten Mitglieder der 1891 gegründeten Gesellschaft für Höhlenforschung in der Steiermark (Sitz Graz) und auch solche des Vereins der Schöckelfreunde, ebenfalls aus Graz, das Lurloch und untersuchten die Räume der Vorhalle und deren Nebenspalten. Im März 1894 gelang es A. Fölzmann und K. Oswald, durch einen 40 Zentimeter hohen und 5,5 Meter langen Schluf in zwei neue, große Hallen einzusteigen, in die heutige »Fölzmann-« und »Oswaldhalle«. Am 1. April 1894 entdeckte M. Brunello einen neuen niedrigen Schluf; er zwängte sich hindurch und gelangte in einen 2 Meter hohen und ebenso breiten Gang. Der schmucklose »Tote Gang« war der Übergang zu neuen großen Räumen, die reichen Tropfsteinschmuck aufwiesen. Brunello betrat als erster den »Großen Dom«, der mit 130 Meter Länge, 80 Meter Breite und 40 Meter Höhe zu den größten Höhlenräumen der Welt zählt. Ein Unternehmen, das Ende April 1894 begann und bei dem es gelang, bis zum »Großen Dom« vorzudringen, nahm einen dramatischen Verlauf: Die Höhlenforscher wurden durch ein Hochwasser vom 24. April bis 10. Mai 1894 in der Höhle eingeschlossen und konnten nur unter schwierigsten Umständen gerettet werden. An den Rettungsaktionen waren Militär, Bergknappen und Taucher beteiligt. Man trieb einen 12 Meter langen Stollen zu den Eingeschlossenen vor, durch den die Rettung gelang. Ganz Europa nahm an der Aktion Anteil; Extrablätter berichteten über den neuesten Stand der Rettungsarbeiten.

Anlaß zum Ausbau der Lurgrotte gab diese Rettung der Höhlenforscher, war doch dadurch die Öffentlichkeit auf die Höhle und ihre ungewöhnliche Schönheit aufmerksam geworden. Der Eingang zur Höhle öffnet sich am Fuß einer eindrucksvollen 70 Meter hohen Felswand.

Der uns begleitende Lurbach verschwindet nach einiger Zeit seitwärts in unerforschten Tiefen. Seine Chlorierung erbrachte 1952 den Beweis, daß er in der Peggauer Wand südlich des Höhleneingangs als Hammersbach wieder erscheint. In die »Halle der Eingeschlossenen« gelangt man durch den 1894 geschlagenen Rettungsstollen; hier sind auch noch die Reste der Schotterbank zu sehen, auf der die Eingeschlossenen 9 Tage verbrachten. Es folgt der »Brunello-Gang« mit seinen schönen Erosionsformen, die in dem blaugrünen, mit weißen Adern durchsetzten Kalk besonders wirkungsvoll zur Geltung kommen. 300 Meter vom Eingang entfernt entdecken wir die ersten Tropfsteine, den »Steirischen Kachelofen«.

In der »Bärengrotte« hat man Knochen des Höhlenbären gefunden. In der anschließenden »Brüderhalle« empfangen uns mächtige Tropfsteine, die »drei Brüder«; einer wurde bereits ein Opfer der Zeit, die anderen stehen noch aufrecht da. Der »Osterleuchter« strebt hinter ihnen zur Decke empor. Vor unseren Augen öffnet sich nach wenigen Schritten ein riesiger Raum, auf dessen Blockgewirr eine Unzahl von Tropfsteinen der vielfältigsten Formen entstanden ist. Am »Tropfsteinparadies« und an der »Riesenglocke« vorbei gelangen wir zum »Riesen« mit einer Höhe von 13 Meter und einem Umfang von 5 Meter. Die »Piniengruppe«, der »Einsiedler« und das »Zigeunerzelt« sind die schönsten Tropfsteingebilde, an denen wir auf dem Rückweg vorbeikommen. Beim »Tropfsteintrichter« endet die Höhle scheinbar. Ein Blick über das schützende Geländer zeigt einen Schlund, der weiter in die Tiefe führt. Die Höhle wurde in den Jahren nach der Einschließung bis hierher von der Familie Schinnerl unter großen Opfern ausgebaut. In den Jahren 1894/95 erfolgten verschiedene Forschungsfahrten unter der Leitung von Mittelschulprofessor Walcher. Über die »Hermannswand« geht es hinunter zum »Gnomenteich«, in die »Kaskadenklamm« und zum »Grazer Balkon«, einer mächtigen Sinterwanne, die teilweise mit weichem Sand gefüllt ist. Es geht noch weiter in die Tiefe, in

Wenn man von den unterirdischen Räumen spricht, muß man den »Großen Dom« in der Semriacher Lurgrotte erwähnen. Er ist reich mit Tropfsteinschmuck versehen und besitzt eine Länge von 130 Meter, ist 80 Meter breit und 40 Meter hoch.

Die »Drei Zinnen« im Peggauer Teil der Lurgrotte. Dort kann man 2 Führungen mitmachen: Tour 1 hat eine Zeitdauer von 1 Stunde; der Weg ist elektrisch beleuchtet. Tour 2 ist eine Führung mit Karbidlampen. Bei beiden Führungen erlebt man die eigenartigen Schönheiten einer vom Fluß geschaffenen Höhle.

Verbindungsteil zwischen Semriacher und Peggauer Lurgrotte. Hier hat das Hochwasser von 1975 eisenarmierte Betonwege hochgehoben, zerbrochen und übereinandergeschoben. Der Schuttstrom beträgt stellenweise 5 Meter.

den ungeheuren Raum des »Fuhrich-Doms« (heute so genannt nach der in der Lurgrotte im Alter von 28 Jahren tödlich verunglückten Salzburger Höhlenforscherin Poldi Fuhrich). Die 50 Meter senkrecht aufstrebenden Wände sind von der Wucht des herabstürzenden Wassers glattgeschliffen; die mitgeführten Schotter sorgten für eine feine Punzierung. Im dunklen Schöckelkalk leuchten die weißen Kalkadern wie Wegweiser durch die »düsteren Hallen« auf. Stufenartige Sinterbecken sperren nach einer kleinen Steilstufe den Weiterweg, ebenso Wassertümpel mit klarem Wasser, die man manchmal übersieht. Die herrlich weiße »Rosegger-Säule« wächst aus einem breiten Sockel zur Decke empor — Walcher kam 1902 bis zu dieser Säule.

Ein fürchterliches Blockgewirr, zwischen dem größere und kleinere Tümpel versteckt sind, erschwert in der »Wilden Gasse« das weitere Vordringen enorm. Zum »Spanagel-Dom« hin (Spanagel förderte die Höhlenforschung!) erweitert sich der Höhlenraum, an den Wänden breiten sich schöne Baldachine aus. In den oberen Etagen der »Alabasterkluft« sind viele reinweiße Tropfsteingruppen vorhanden. Hermann Bock entdeckte 1907 in einer oberen Galerie die »Märchengrotte«: Im klaren Wasserbecken spiegeln sich barocke Sintersäulen, und eine Vielzahl von Tropfsteinsäulen und feinsten Kalkspatnadeln blitzen und funkeln. Lange Zeiträume waren nötig, um das »Märchen« zu gestalten!

Zu einem düsteren Wassertümpel, der »Teufelslacke«, geleiten Tropfsteine auf der heutigen Höhlensohle. Sie mußte, je nach Wasserstand, schwimmend oder watend überwunden werden. Die nachfolgende »Fürstengasse« endet im »Wetterschacht«, einem weitverzweigten Gangsystem, in dem die Tropfsteine mit kleinen korallenartigen Auswüchsen besetzt sind. Ein eigenartiges Gebilde, der »Pilz«, steht gegenüber der Mündung des Wetterschachts. Seine Entstehung läßt sich so erklären: Ein vorhandener Tropfstein wurde bis zur Spitze eingeschottert, darüber entstand eine Sinterdecke. Nachfolgende Hochwässer transportierten den Schotter wieder ab, und die Decke blieb als Hut des Pilzes zurück. Durch die »Drachenenge« und die »Hexenkluft« geht es weiter zum »Schieferdom«. Herrliche Tropfsteingalerien und Kalkspatkristallgruppen in der oberen Etage verzieren die Wände. Am Beginn des »Osterganges«, der eine weitere höhere Etage darstellt, halten Tropfsteinsäulen Wache. Mit feinem Blättchensinter sind Boden und Wände bedeckt. In der »Tropfsteinhalle« bilden entlang einer Kluft von der Decke herunterhängende Zapfen einen natürlichen Torbogen; von unten wachsen ihnen Bodenzapfen entgegen. Vom früheren »Zierhutsee« ist nichts mehr zu sehen, da das Wasser abgelaufen ist, aber der glatte Abschluß der »Glocke«, die von der weißen Tropfsteinwand herunterhängt, zeigt den damaligen Wasserstand noch an. Die »Tropfsteinklamm«, die wir nun durchschreiten, ist fast ganz versintert. Nach der letzten Felskante der Klamm steht man in der »Tränenhalle«, in der glasklare zarte Tropfsteinröhrchen von der Decke herunterhängen. Im »Lurdom« wirkt die ruhige, stille Weite des Raumes auf jeden Besucher. Eine steile Lehmwand zieht sich zur Höhe des »Höhlenvereinsdoms« empor, zu dem man durch einen engen Erosionsgang gelangt. Vom »Blocksberg« trennen uns nur noch wenige Schritte; das aus einzelnen mächtigen Tropfsteinen zusammengesetzte »Hexentor« leuchtet aus der Dunkelheit heraus, und die Beleuchtung spiegelt sich in dem mit Kristallrasen bedeckten Boden. Weiße Stalaktiten schimmern aus der Weite des dunklen Raums, den A. Mayer sen. 1906 zum ersten Mal betrat. Die Strecke bis zur »Siegeshalle« wurde vom Verein für Höhlenkunde unter H. Bock im Jahr 1908 erforscht. Ein Deckensturz größten Ausmaßes fand vor unendlich langer Zeit statt und bildete dabei den »Blocksberg«, bis zu dem Mayer 1906 gelangte.

Tropfsteine begleiten uns in die Tiefe bis zu einem murmelnden Bächlein. Wir stehen vor dem Ursprung des Schmelzbachs, der den Besucher an das Tageslicht führt. Der Schmelzbach ist eine größere Sickerwasserquelle, wie es sie im weiteren Höhlenabschnitt noch mehrfach gibt. Auf dem anschließenden Weg kommt man an zahlreichen Tropfsteinen und bizarren Gebilden vorbei, bis klares, helles Sickerwasser in die Sinterbecken des »Böcklin-Brunnens« strömt. Die »Wasserhallen«, eine Flucht hoher Hallen ohne Tropfsteinschmuck, aber von beträchtlicher Höhe, hinterlas-

Die 1760 entdeckte Grasslhöhle ist die älteste Schauhöhle in Österreich. Man kann sie die »schönste Tropfsteinhöhle auf engstem Raum in Österreich« nennen. Der Führungsweg windet sich zwischen bunten, großen Stalagmiten hindurch.

sen einen nachhaltigen Eindruck. Vor der Einmündung eines Sickerwassers in den Schmelzbach, das aus der »Laurinskluft« kommt, liegen zwei gewaltige Felsblöcke. Erste Tropfsteine und — in einem Seitengang — »die Gralsburg« sind zu sehen. Zum Bach zurückgekehrt, trifft man auf den »Prinzen«, den einzigen Stalaktiten an einer Saaldecke, vor dem sich ein Bodenzapfen zur Erde beugt. Die Wege teilen sich. Unter der »Quaste« hindurch führt der eine den Bach entlang, weiter durch die »Krokodilsschlucht« und vorbei am »rauschenden Wasserfall« in den »Ertl-Dom« (genannt nach dem Grundbesitzer über Tag). Der andere Weg leitet in eine höhere Partie des Lurgrottensystems, aus der ein silberner Wasserstrahl in die »Regenhalle« läuft. Beim Weiterwandern scheinen die Wände wie mit Diamanten besetzt, denn die Tropfsteinkristalle blitzen und funkeln. Unzählige, durchsichtig wirkende, dünne Tropfsteinröhrchen sehen wie zu Stein gewordener Regen aus, hinter dem die »Drei Zinnen« aufleuchten. Sie ragen so wuchtig in ihrer Umgebung auf wie ihre großen Vorbilder in den Dolomiten. Den »Ertl-Dom« und die »Siegeshalle« erreichen wir beim Tiefersteigen. Hier endeten die Forschungen von Semriach aus, denn das angestaute Wasser bot Einhalt.

Adolf Mayer begann 1906 von Peggau aus mit den Erschließungsarbeiten. Nach verschiedenen mißglückten Versuchen, in die Höhle zu gelangen, wurde ein 86 Meter langer Entwässerungsstollen geschlagen, der 1914 unter großen persönlichen Opfern der Familie Mayer glücklich vollendet wurde. Es waren aber noch einige Stollen notwendig, um weiter vordringen zu können. Hermann Mayer gelang 1924 der Durchbruch in die »Siegeshalle«. Von hier führen zwei Stollen zum »Steinernen Wasserfall«, an diesem vorbei hinauf in die »Marmorhalle«, deren Wände vom Wasser glattpoliert wurden. Nachdem man erneut in die Tiefe gestiegen ist, breitet sich der »Baldachin« in vielen Farben vor dem Höhlenbesucher im Schein der Lampen aus. In der »Pfeilergrotte« ist deutlich zu sehen, daß es auch im »Reich der Steine« ein Werden und Vergehen gibt: Sie bildet ein kleines Labyrinth; einzelne ihrer Pfeiler blieben vom Wasser verschont und stützen heute das Gewölbe. Am Ausgang der »Pfeilergrotte« ist der Rest einer alten Sinterdecke und ein alter Tropfstein zu sehen, in den die Zeit tiefe Furchen gegraben hat. Die Höhlenwände zeigen sich noch einmal im Schmuck der kleinen Kolke, der Entwässerungsgraben beginnt, und der Höhlenwanderer steht in der vom Tageslicht schwach erhellten Vorhalle, an deren Decke die Reste einstiger Tropfsteine zu sehen sind. Das letzte Geheimnis der Höhle ist der »Dirnbacher-Gang« (so genannt nach dem ehemaligen Besitzer des Grundes vor dem Peggauer Höhleneingang), der zur Höhle führt. Dann begrüßt uns nach wenigen Schritten das Licht des Tages mit verschwenderischer Fülle.

Die erste vollständige Durchquerung der »Lurgrotte« von Semriach nach Peggau gelang am 13. Februar 1935 in 15 Stunden nach achtzigstündigen Wegvorbereitungen!

Immer wieder ließen unheilvolle Hochwässer die Höhlen in aller Munde kommen: Das Hochwasser von 1910 war eine der schlimmsten Heimsuchungen, die Semriach jemals erlitt. 50 bis 80 Kubikmeter Lehmwasser pro Sekunde tosten durch die Lurgrotte, zerrissen die Stiegenanlagen und verschleppten Eisenträger und Lärchenbohlen. Nicht viel harmloser waren die Hochwässer von 1916 und 1918. Schwere Förderhunde, die einst bei der Ausräumung des Höhlentors eingesetzt waren, wurden aus dem »Tal der Kesselschwinde« bis in die entlegensten Winkel des Bachstollens gewälzt. Die letzte Hochwasserkatastrophe der Lurgrotte ereignete sich 1975: Der Führungsweg wurde größtenteils total zerstört. 80 Kilogramm schwere Blöcke wurden über eine 10 Meter hohe Stiege hinauftransportiert, Eisenträger wie Streichhölzer geknickt und verbogen, Betonstege hochgehoben und übereinandergeschoben. Einige über 100 Kilogramm schwere Felsblöcke wälzten sich auf Betonbrücken. Die Höhe des Schuttstroms beträgt heute stellenweise bis zu 5 Meter. Diese letzte Hochwasserwelle benötigte für die über 4 Kilometer lange Strecke eine gute halbe Stunde und verursachte enormen Schaden. Das Zwischenstück zwischen dem Semriacher und dem Peggauer Schauhöhlenteil wird aller Wahrscheinlichkeit nach wegen zu hoher Kosten und zu großem Zeitaufwand vor allem auch deshalb nicht wieder ausgebaut, da das nächste Hochwasser neues Unheil bringen wird.

Der Besitzer der Grasslhöhle, Peter Reisinger, führt die Besucher selbst und erzählt dabei von Entstehung und Geschichte seiner Höhle.

Wichtige Daten: Zugang zur Semriacher Lurgrotte von Markt Semriach aus; auf schönem Wanderweg in 30 Minuten zu Fuß zum Höhleneingang. Mit dem Auto zum Gasthaus Schinnerl und in 10 Minuten zum Höhleneingang — oder mit dem Auto auch direkt zum Wartehaus vor dem Höhleneingang. Führungen ganzjährig zwischen 9 und 17 Uhr; auf Wunsch auch Sonderführungen. Lufttemperatur in der Höhle konstant + 9° C. Dauer der Führung 75 Minuten. Auskunft: Maria Schinnerl, Gasthaus »Zur Lurgrotte«, A-8102.
Zufahrt zur Peggauer Lurgrotte im Ort Peggach bis zum Parkplatz unterhalb des Höhleneingangs. Führungen ganzjährig, täglich von 9 bis 17 Uhr, Gasthaus bei der Höhle. Dauer der Führungen: Tour I: 1 Stunde, Tour II: 2 Stunden.

Grasslhöhle

Der Eingang zur Grasslhöhle liegt 739 Meter hoch im Sattelberg im Dürntal bei Weiz in der Steiermark.
Laut den Aufzeichnungen des Johann Vinzenz Sonntag aus Guttenberg soll 1760 eine uralte Lärche von einem Orkan entwurzelt worden sein. Durch mitgerissene Felstrümmer wurde eine Öffnung im Berghang freigelegt. Auf der Suche nach einem plötzlich verschwundenen Halterbuben, dessen Hilferufe aus dem Berginneren kamen, stiegen Jäger in die entstandene Kluft ein und fanden nach Durchschliefung des »zwei Fuß hohen Spaltes« erstmalig größere unterirdische Räume mit herrlichem Tropfsteinschmuck. Der Amtmann Minurko von Tannhausen machte als erster diese Wunderwelt in größeren Kreisen bekannt; 1826 berichtete August Mandel in der »Grätzer Zeitung« von den Wundern der Grasslhöhle, deren Namen von einem alten Hofnamen, »Dürnthal-Grassl«, herrührt. Im gleichen Jahr wurde ein künstlicher Stollen angelegt, um sie »begehbarer« zu machen. 1830 vergrößerten Arzberger Bergknappen den Stollen in die tieferen Höhlenteile und machten erstmalig den Eingang besser gangbar. Dr. Gustav Schreiner lenkte 1843 die Aufmerksamkeit auf die Schönheiten der Grasslhöhle und des naheliegenden Katerlochs.

Die Grasslhöhle ist somit die älteste Tropfstein-Schauhöhle in Österreich und schon deshalb erwähnenswert. Das Alter des anstehenden Devonkalks (Schöckelkalk) beträgt mindestens etwa 300 Millionen Jahre. (Das Dürntal selbst ist seit dem Ober-Pliozän, vor 2 bis 3 Millionen Jahren, ein nicht mehr geologisch verändertes »Trockental«, besitzt also keine Oberflächenerosion mehr.)
Die Grasslhöhle stand durch Jahrhunderte offen und wurde deshalb von »Liebhabern« und Händlern ausgeplündert. 1928 stellte man sie als »Naturdenkmal« unter Denkmalschutz. Nach dem Ersten Weltkrieg forschten Leute aus Weiz in der Höhle. Sie erschlossen weitere Höhlenräume — und verschlossen die Höhle. Nach dem Zweiten Weltkrieg nahm man die Höhlenführungen wieder auf und baute 1960 eine primitive elektrische Beleuchtung ein. Doch wurden von 1960 bis 1970 erneut keine Führungen unternommen, denn man baute auf Anregungen von Weizer Höhlenforschern, des Vereins für Höhlenkunde in der Steiermark, nach genauen Plänen und nach Beratung des Bundesdenkmalamtes in Wien unter Prof. Dr. Hubert Trimmel neue Weganlagen ein. Weitere Verbesserungen der Steiganlagen nahm der Besitzer der Grasslhöhle, Peter Reisinger, vor, wobei er durch ehrenamtliche Mitarbeit von Mitgliedern des Vereins tatkräftig unterstützt wurde. Diese Arbeiten dauerten von 1968 bis 1972. Eine neue elektrische Beleuchtung wurde in den Jahren 1969 und 1970 installiert.
Die Grasslhöhle kann ohne Bedenken als »schönste Tropfsteinhöhle auf engerem Raum in Österreich« bezeichnet werden. In Österreich wie in ganz Europa gibt es große bis gigantische Höhlen, die einen ungleich größeren Tropfsteinreichtum aufweisen können — aber auf zahlreiche große Hohlräume verteilt! In der Grasslhöhle erhält der Besucher dagegen in kurzer, müheloser Wanderung einen weit nachhaltigeren Eindruck. In ihr sind zwei Generationen von Tropfsteinbildungen vorhanden: die durch tektonische Einflüsse gestürzten, zertrümmerten, am Boden liegenden und zum Großteil bereits wieder übersinterten älteren Tropfsteine und teilweise ein auf den alten Sintergenerationen aufgewachsenes, neuerliches, »heutiges« Wachstum (in geo-

Mit dem »Seenparadies« hat man den schönsten und tiefstgelegenen Teil des Katerlochs erreicht. Zu ihm gehört auch das »Nordische Inselreich« mit seinem ringsum von Kalkkorallen verzierten Sinterinseln (im Bild).

logisch aufgefaßten Zeiträumen gedacht) an Tropfsteinen. Exakte Altersbestimmungen sind nur an den Bodenzapfen möglich, an den Deckenzapfen durch ihren zu komplizierten Aufbau jedoch sehr unsicher. Das heutige Tropfsteinwachstum in der Grasslhöhle kann im Durchschnitt mit 10 Millimeter in einem Jahrhundert angenommen werden.

Wichtige Daten: Die Grasslhöhle liegt 12 Kilometer von Weiz/Steiermark entfernt. Die Zufahrt ist beschildert. Die Höhle kann auch auf schönen Wanderwegen von Arzberg in 1½ Stunden, vom Gasthaus Lindenwirt in der Weizklamm in 2 Stunden, von der Ortschaft Passail in 2½ Stunden erreicht werden. Führungen ab 1. November bis Karsamstag nur an Samstagen, Sonntagen und Feiertagen. Während der übrigen Zeit täglich von 8 bis 17 Uhr. Anmeldung bei Peter Reisinger, A-8160 Dürntal Nr. 4, bei Weiz. Im Gasthaus oder im Haus Nr. 4 nachfragen, ob der Führer oben ist.

Katerloch

Wer die Grasslhöhle nennt, muß unbedingt auch das Katerloch bei Weiz im Sattelberg erwähnen. Der Name »Katerloch« stammt von den früher in der Eingangshalle der Höhle nistenden Eulen, den »Eulkatern«. Das Katerloch liegt im Osthang des Sattelbergs im Dürntal bei Weiz/Steiermark. Aus den Akten des Steirischen Landesarchivs ist zu entnehmen, daß A. Mandel in den Jahren 1826 bis 1838 den 90 Klafter tiefen senkrechten Schacht des Katerlochs mehrmals befahren hat. 1836 nahmen die Professoren Gintl, Schrötter und Lämmermayer eingehende geologische und botanische Untersuchungen vor. 1913 erwähnt H. Bock, daß sich zur damaligen Zeit bereits österreichische Höhlenforscher für das Katerloch interessierten. Die Chronik der Volksschule von Haselbach bei Weiz vermerkt, daß am 26. Juni 1923 H. Bock mit 16 Personen einen 14 Stunden dauernden Vorstoß in die Tiefe des Katerlochs unternahm. Der Obmann des Steirischen Höhlenvereins, J. Gangl, organisierte mehrere Forschungsfahrten. Die letzte vereinsmäßige Befahrung erfolgte im Mai 1950. Bei allen Befahrungen konnte keine Fortsetzung der Höhle entdeckt werden. Erst Hermann und Regina Hofer, die am 19. September 1951 ihre erste Befahrung des Schachtes unternahmen, entdeckten in dem schon lange bekannten Martel- oder Mandeldom einen finsteren Schlot dicht unter der Decke. Am 31. Dezember 1951 wurde dieser eingehend untersucht. Doch erst am 19. April 1952 gelang es H. Hofer im Beisein von Ganster und Stimpfl vom Elinwerk Weiz, eine 15 Meter hohe überhängende Wand zu erklettern. Oberhalb dieser Wand entdeckte Hofer eine unberührte Halle, die er als erster Mensch betrat und die nach ihm »Hoferhalle« genannt wurde. Die weitere Erforschung bedingte große Anstrengungen und langwierige Mühsale: Zu dem an einem 50 bis 60 Grad steilen, bewaldeten Osthang in 900 Meter Seehöhe liegenden Höhleneingang konnte alles nur in Traglasten auf einem schmalen Viehsteig transportiert werden. Fünf lange Jahre trugen H. und R. Hofer zu jeder Jahreszeit die gesamte Ausrüstung, den Lebensbedarf und das Material zum Ausbau der Höhle hinauf. Sie wohnten in einem Hauszelt beim Höhleneingang, sogar bei einer Temperatur von minus 15° C. Auf selbstgebauten Drahtseilleitern mußten sie im Verlauf der Forschungs- und Ausbauarbeiten einige hundert Male in den 72 Meter tiefen Schacht auf- und absteigen. Dabei wurde der Weg durch die Entdeckung eines ganzen Höhlensystems immer länger, schwieriger und anstrengender. Rund 1½ Jahre dauerte es, bis es Hermann, Regina und Konrad Hofer gelang, eine 1 Meter dicke Sinterwand zu durchschlagen, hinter der sich ein nie geahntes Wunderland verbarg.

Im Zug der weiteren Erforschung entdeckten Hermann und Konrad Hofer am 6. August 1952 nach mühevoller Kletterei in engen, steilen Schlufen und nach kräftezehrenden Meißelarbeiten die »Auslughalle«. Von hier aus konnten 1955 zwei weitere große Räume erforscht werden, das »Zauberreich« und das »Seenparadies«.

Nachdem sich der »Entdeckerweg«, der vom Schachtabgrund über eine Steilwand, durch ein zerklüftetes, von zahlreichen Eng- und Kletterstellen erschwertes Raumsystem führte, für eine Erschließung nicht eignete, bezogen Hermann Hofer und seine Frau ihr Stammquartier in einem Zelt in der

◁ *Im Katerloch. In der nicht zum Führungsteil der Höhle gehörenden »Schatzkammer« sind Kostbarkeiten der unterirdischen Welt zu besichtigen: Stalaktiten, die Erosionsmarken tragen und damit anzeigen, wie weit die Höhle einst unter Wasser stand. Interessant ist auch, daß der größte Stalaktit von der Decke abgebrochen ist und frei in der Lehmschicht des Bodens steckt.*

Hermann Hofer, der Erschließer des Katerlochs, erklärt die Entstehung des keulenförmigen, fein kannelierten Denkmalsteins, einem der schönsten und interessantesten Tropfsteine der Höhle. ▷

Ein klassisches Höhlenportal von 22 Meter Breite und 10 Meter Höhe führt in die Eingangshalle, die sich von 40 auf 70 Meter verbreitert und mit einigem Gefälle in den Berg hineinführt. 20 Meter vom Eingang entfernt spürt man schon das Temperaturgefälle, das im Sommer bis zu 25° C beträgt.

»Phantasiehalle«, 150 Meter unter der Erde. Bei einer Temperatur von nur 3 Grad plus und 85 Prozent Luftfeuchtigkeit verbrachten sie hier 1½ Jahre und bauten von der »Phantasiehalle« aus den Führungsweg nach oben aus. Es mußten Durchbrüche gemeißelt und immer wieder erweitert werden, die Trasse für den Führungsweg ausgeschlagen und mit stabilen Eisenleitern versehen werden. Eine 650 Meter lange Stromleitung wurde vom Tal aus zum Höhleneingang verlegt. In mehreren tausend Stunden verlegten die Hofers die Lichtleitungen unsichtbar und leuchteten mit 100 Leuchtkörpern die Höhle vorbildlich aus: Der Besucher hat heute die Möglichkeit, die schönste Tropfsteinhöhle Österreichs in 1½ Stunden bis zum »Seenparadies« zu besichtigen.

Zwar wurde die Höhle von H. und R. Hofer noch weiter erforscht; doch sind die weiteren Räume für Schauhöhlenbesucher nicht geeignet, da sie nur von besonders schlanken, gelenkigen Menschen mühsam erreicht werden können.

Das Bergland von Weiz zwischen der Raabklamm im Westen und dem Feistritzsattel im Osten, in dem auch das Katerloch liegt und zu dem Gösser und Sattelberg zählen, besteht in der Hauptsache aus sogenanntem Schöckelkalk. Diese wildzerklüfteten, mehrfach tektonisch gestörten und überschichteten Kalkschichten reichen vom 1446 Meter hohen Schöckel bei Graz bis zur Weizklamm. Verschiedene Höhlen, darunter auch das Katerloch, sind an diese Klüfte des Schöckelkalks gebunden. Schichtfugen, Kluftfugen, labyrinthartig ausgebildete Großversturzzonen, besonders aber auch die Verwerfungen sowie die Bruchlinien des Schichtensystems, deren geborstene Schollen gegeneinander und ineinander verschoben sind, gaben den Anlaß für die wechselvolle Raumgestaltung. In den Großversturzzonen sind mit Kalksinter verkittete, phantastisch aussehende brekziöse (kantige, durch ein Bindemittel verkittete) Wände entstanden. Im gesamten Raumsystem wurden keine Sedimente aus ortsfremden Gesteinen oder Konglomeraten gefunden. Bei der Erschließung des Zugangs zur »Phantasiehalle« mußten mehrere Meter dicke Sinter- und Versturzmassen durchbrochen werden. Das nicht nur klimatisch und vegetativ bedingte Ausmaß der Sinterablagerungen ist in der Hauptsache mit der Leichtlöslichkeit des Silurkalks und der gewaltigen Überlagerung der Höhlenräume von 2 bis 350 Meter zu erklären. Die spiegelblanken Kristallflächen des von Kalzitadern durchzogenen Schöckelkalks sind sehr oft an den Höhlenwänden zu sehen. Bei der Erschließung des »Zauberreichs« 1955/56 mußte zwischen der »Phantasiehalle« und dem »Zauberreich« eine 11 Meter dicke Sintermauer durchbrochen werden. Sinterablagerungen, die mehrfach wieder zur Lösung und Festigung kamen, schufen reinweiße, alabasterartige Kopfgebilde, die sich durch milchartigen Mattschimmer von den reinen Sinterbildungen unterscheiden (Verhärtete Bergmilch). Durch die Auffaltung der Silurschichten entstand ein klassisches Höhlenportal von 22 Meter Breite und 10 Meter Höhe.

Von 40 Meter auf 70 Meter verbreitert sich der ausladende Eingangsraum und zieht in westlicher Richtung mit einigem Gefälle etwa 100 Meter in den Berg hinein. Den Besucher überrascht bereits in 20 Meter Entfernung zum Höhleneingang ein beträchtlicher Temperaturabfall, der in den Sommermonaten bis zu 25° C beträgt. Das Thermometer fällt mit zunehmender Tiefe bis auf plus 3° C ab. In die große Vorhalle scheint von den frühen Morgenstunden bis gegen 11 Uhr die Sonne hinein, weshalb in den Eingangsregionen zahlreiche Blumen und Sträucher gedeihen können. Mit der kürzeren Sonnenbestrahlung und den niedrigen Temperaturen nimmt die Vegetation immer mehr ab, und so sind 40 Meter vom Höhleneingang entfernt nur noch flachblättrige Moose, Algen und Flechten zu sehen, deren chemische Zersetzungsprodukte herrliche Farbeffekte erzeugen.

Eine im Eingangsraum stehende ovale Sintersäule, die noch 20 Meter tief in den Schacht hineinreicht und um die der Weg herumgeht, besitzt einen Umfang von 46 Meter. Über eine 10 Meter hohe Eisentreppe steigt man zur Schachtvorstufe hinunter, auf der sich zwischen zwei mächtigen Sintersäulen zwei große Tageslichtöffnungen bildeten. Die domartig in die Höhle strebende Westwand trägt bereits reinweißen, fein ausgebildeten Sinterschmuck. Nun stehen wir vor einem großen und einem kleinen Schacht: Der große war einst der Ausgangspunkt für die Forschungen und für

Oben links *Laugungsformen (in den Gipshöhlen »Höllern« bei Krautostheim in Franken). Gips besteht aus kristallwasserhaltigem Kalziumsulphat, das besonders wasserlöslich ist. Die Ausdehnung von Gipshöhlen ist erstaunlich.*

Unten links *Bei 90 Prozent Luftfeuchtigkeit und einer Temperatur von etwa 9° C entwickelt sich die Lampenflora.*

Oben rechts *Aus Gesteinsspalten herausgeflossene Lava überzieht Höhlenwände und bildet auf dem Schwemmsand bizarre Gerinne.*

Unten rechts *Eiskeulen (im Silberloch im Altmühltal). Die weißen Schichten enthalten Luftbläschen: hier gefror das Wasser so rasch, daß die Luft nicht mehr entweichen konnte.*

die Erschließung der Höhle. Der kleine Nebenschacht ist ein künstlich geschaffener Abstiegsschacht, der in einjähriger Wühlarbeit von unten nach oben entstand. Es dauerte etwa ein halbes Jahr, bis der Schacht so weit erweitert war, daß Besucher ihn passieren konnten. Die »Auslughalle« betritt man nach einem weiteren Abstieg von 10 Meter. Sie ist reich mit Tropfsteinen geschmückt. Sehr steil geht es dann auf Eisentreppen durch einen Durchbruchsschacht, der in härtester Kleinarbeit aus dem Fels herausgeschlagen wurde, hinunter zum Eingang der »Phantasiehalle«. Mehr als 3700 Bodenzapfen und Säulen stehen in dieser etwa 120 Meter langen und 85 Meter breiten tektonischen Klufthalle. Es scheint ein wahrer Urwald aus Tropfsteinen zu sein, durch den sich der Führungsweg hindurchschlängelt. Gestreifte, farbige Vorhänge, reinweiße, seidenartige Sinterfahnen, oft mehrere Meter lang, weiße Säulen, deren Kristalle glitzern und funkeln, dazwischen schmuckreiche Partien und Säulen säumen den Weg ein zum 11 Meter langen, in den Jahren 1955/56 durchbrochenen Stollen, der heute das »Zauberreich« und das »Seenparadies« zugänglich macht. Drei Jahre waren von 1952 an im Eifer der Erschließung wie im Flug vergangen, in denen die Höhlenbesucher auf Holzleitern und mit Karbidlampen das Katerloch nur bis zur »Phantasiehalle« besichtigen konnten. Die Eintrittsgelder ermöglichten es 1955, die Forschungen und den Ausbau weiter fortzuführen. Knapp unter der Decke der »Phantasiehalle« war dann H. Hofer mit Hammer und Meißel der Durchbruch zum sogenannten »Zauberreich« gelungen, das heute zur Führung gehört. Mächtige, 10 Meter hohe Sintersäulen bilden eine Wand, vor der freistehend eine nur 6 bis 8 Zentimeter dicke und 10 Meter hohe »Sinterkerze« aufragt. Ihr gegenüber zieht der »Eisberg« mit seinen tausend Fächern und der darüber stehenden schrägen »Palme« die Blicke auf sich. Die große Sinterwand wird auf einem kleinen ausgehauenen Steiglein umgangen. Oben an der Decke begeistert ein 3 Meter hoher, in zahlreichen Faltenwürfen herabhängender »Sintervorhang«, der den Eingang zu »Rübezahls Wohnung« schmückt. Durch einen schmalen, niedrigen Gang erreicht man schließlich den 1955 geschlagenen Durchbruch durch eine 75 Zentimeter dicke Sinterwand. Er vermittelt nach einem kurzen Abstieg den Zugang zum »Seenparadies«: Von einer aus Sinter gebildeten Staumauer blickt man über die kristallklare Wasserfläche zu gewaltigen Sintersäulen, die in der Mitte des Sees aufragen und den Blick auf den rückwärtigen Teil des Gewässers versperren. Der unterirdische Stausee ist 25 Meter lang, 17 Meter breit und fast 3,5 Meter tief; seine Wassertemperatur beträgt 4° C. Er ist rings von Säulen und Sinterwänden umrahmt, und aus der grünschillernden Wasserfläche ragen schneeweiße Bodenzapfen heraus. Der märchenhafte Zauber des »Seenparadieses« wird noch dadurch verstärkt, daß es auf drei verschiedene Arten beleuchtet werden kann. Das herrlich verzierte »nordische Inselreich« besitzt Sinterinseln, um die malerisch Kalkkorallen gelagert sind. Wir sind nun am tiefsten und schönsten Punkt des Schauhöhlenteils angelangt, und es bedarf großer Überwindung, um dem herrlichen »Seenparadies« den Rücken zuzuwenden. Aufsteigend besichtigt man noch die Fortsetzung der »Phantasiehalle« und gelangt nach der Vereinigung der Führungswege im oberen Teil der Halle in 20 Minuten zum Höhleneingang. Auf dem Führungsweg können die Besucher den schönsten Teil der Höhle kennenlernen. Es gibt jedoch noch einen anderen Höhlenteil, der für die Allgemeinheit nicht zugänglich ist. Dazu gehören die 1952 entdeckte »Hoferhalle«, der »Büßergang«, die »Halle der Einsamkeit« 1 und 2, die »Seelöwengruppe« mit einem weitverzweigten, engen »Labyrinth«, aus dem man sehr schwierig wieder herausfindet. Zu nennen ist noch die »salomonische Galerie« mit »Raritätensaal« und »Aquarium« und seltenen Sinterformen. Dort herrschen Einsamkeit und absolute Unberührtheit. Der Zugang ist nur in ausgesetzter, schwieriger Kletterei erreichbar. Von der weitverzweigten tektonischen Zerklüftung des Sattelbergs bekommt man aber erst dann ein abgerundetes Bild, wenn man auch diesen unzugänglichen Teil der Höhle kennengelernt hat. Bei dieser Befahrung erkennt man erst, welche Schwierigkeiten zu überwinden waren und welchen Idealismus das Ehepaar Hofer aufbringen mußte, um die Schönheiten des Katerlochs zu entdecken und sie dann durch

Selbst in Höhlen, die schon seit langem bekannt und erforscht sind, werden noch Neuentdeckungen gemacht. In der Hermannshöhle bei Kirchberg am Wechsel wurde nach dem Zweiten Weltkrieg das »Kyrlelabyrinth« mit schönem Tropfsteinschmuck entdeckt.

fast übermenschliche Anstrengungen der Allgemeinheit zugänglich zu machen!
Wichtige Daten: Das Katerloch liegt 12 Kilometer von Weiz entfernt. Beschilderte Zufahrt mit Auto oder Autobus bis zum Parkplatz unterhalb der Höhle. Führungen finden ab Ostersonntag mit 30. Oktober nur an Samstagen und Sonntagen von 9 bis 17 Uhr statt. Mindestteilnehmerzahl für eine Führung sind 10 Personen. Kinder dürfen erst ab einer Größe von 1,50 Meter hinein. Warme Bekleidung empfohlen. Auskunft: H. Hofer, Berghaus Katerloch, A-8160 Weiz.

Hermannshöhle

Die Hermannshöhle in Kirchberg am Wechsel bei Wiener Neustadt in Niederösterreich weist eine interessante Entstehungsgeschichte auf:
Aus mesozoischen, marmorartigen, stark zerklüfteten Kalken, die eine Höhlenbildung begünstigen, ist der Eulenberg, 740 Meter hoch, früher Eigenberg genannt, aufgebaut. Es handelt sich um eine Kalkklippe von 1 mal 2 Kilometer Ausdehnung, die über Graniten und Schiefern lagert. Auf einer 140 mal 160 Meter großen Grundfläche entstand ein zusammenhängendes Höhlensystem, das bereits auf einer Länge von über 2 Kilometer erforscht wurde. Daß auch Gerinne, die aus der nichtkalkhaltigen Umgebung stammen, bei der Höhlenbildung mitwirken, läßt sich in der Hermannshöhle nachweisen. Mächtige Ton- und Sandablagerungen, die in der Höhle stellenweise vorkommen, enthalten die Granitmineralien Feldspat, Quarz und Glimmer. Die durch Auslaugungen (Korrosion) entstandenen Spalten wurden durch diese Gerinne auch mechanisch (Erosion) erweitert. Die überwiegend schmalen, hohen Gänge weisen Kluftcharakter auf und durchziehen den Berg von Südwesten nach Nordosten beziehungsweise senkrecht dazu von Südosten nach Nordwesten und folgen damit meist den Hauptklüften. Das System reicht nahezu von der Sohle der Kalkklippe, knapp über dem heutigen Bett des Rauchbachs (Rauchspalten in etwa 605 Meter), bis zur halben Berghöhe (Taubenloch in 660 Meter). An sogenannten Kluftkreuzungen, den Schwächezonen im Gestein, liegen die großen Raumerweiterungen. Die stellenweise vorkommenden Tropfsteinbildungen, Sinter- und Bergmilchablagerungen, sind eine besondere Sehenswürdigkeit der Hermannshöhle. Mit Bescheid vom 3. Juli 1931 wurde sie zum Naturdenkmal erklärt.
Seit langer Zeit war den Einheimischen das »Teufelsloch« bekannt. Erst gegen Ende des 18. Jahrhunderts wurde der Name »Taubenloch« gebräuchlicher, nachdem ein Hüterbub bei der Felstaubenjagd in die Höhle gestürzt war. 1838 fand das »Taubenloch« bereits schriftliche Erwähnung (J. A. Krikkel), aber erst 1840 wurde Hermann Steiger, Verwalter der Burg Feistritz am Wechsel, auf die Höhle aufmerksam. Unter seiner Leitung gelang der Durchstieg bis zum »Windloch«. Den Grund bei den Eingängen erwarb er 1843 und begann mit der Erschließung der später nach ihm benannten Hermannshöhle. 1844 mußte er die Höhle an den Besitzer der Burg Feistritz, Freiherrn von Dietrich, verkaufen. Die Steiganlagen in der Höhle verfielen 1853 nach dessen Tod. Die Höhle wurde erst wieder ausgebaut, als H. Steiger als Rittmeister der Gendarmerie i. R. wieder nach Kirchberg zurückkam. Die feierliche Wiedereröffnung erfolgte am 28. Juni 1868. Ab 1871 wird Raimund Schlosser als Pächter genannt: Er erschloß weitere Teile der Höhle. Die Höhle wechselte noch mehrfach den Besitzer oder Pächter, gehörte aber bis in die jüngste Vergangenheit zum Besitz der Burg Feistritz, bis eine Gruppe von Höhlenforschern schließlich 1968 die Höhle erwarb und die Hermannshöhlen-Betriebsgesellschaft m. b. H. gründete.
Nach dem Ersten Weltkrieg gelangen zahlreiche Entdeckungen von Seitengängen, und in die nicht erschlossenen Höhlenteile wurden öfter touristische Sonderführungen unternommen. Die Erforschung des »Kyrlelabyrinths« begann 1940, und damit wurde bewiesen, daß auch in scheinbar gut bekannten Höhlen noch Neuentdeckungen möglich sind. Ein eigener Eingang in das »Labyrinth« wurde 1948 freigesprengt, und 1949 kam es zum Einbau neuer Wege. Ein neues Haus mit Warteraum und Buffet wurde 1956 beim »Windloch« errichtet. Seit 1957 ist der Führungsweg elektrisch beleuchtet.

Immer wieder sieht man beim Gang durch die Hermannshöhle und das »Kyrlelabyrinth« schöne Sinterpartien, deren Kristalle im Schein des Lichtes funkeln und glitzern.

Durch das »Windloch«, das erweitert wurde, betritt man die Höhle und steht in der Vorhalle, in der an der Decke und in Seitennischen Sinterbildungen zu sehen sind. Leicht absinkend führt der »Barbarastollen« in den Berg, der an einigen Stellen durch Sprengungen bequemer begehbar gemacht werden mußte. Eine Wettertüre wurde an einer Engstelle gegen Zugluft eingebaut. An »Frosch« und »Türkenzelt« vorbei, bemerkenswerten Tropfsteinbildungen, erreicht man die »Dietrichshalle«, einen Höhlenraum von 5 Meter Durchmesser und 15 Meter Höhe. Von hier aus führt die nur 25 Zentimeter breite »Angströhre« in den »Hexenkessel« hinunter, der für den Besucher unerreichbar bleibt. Von der »Hohen Kluft« aus gelangt man zu ihm zwar mit Stahlseilleitern — eine Befahrung, die aber nur von Höhlenforschern unternommen werden kann. Zur »Fahne mit Quaste« und zur Abzweigung des »Dietrichgangs«, von der aus 1940 das »Kyrlelabyrinth« entdeckt wurde, kommt man auf einer ansteigenden Umgehungsstrecke, die zu einer über einem Seitenteil des »Dietrichgangs« eingebauten hölzernen Plattform führt. Hier öffnet sich ein romantischer Tiefblick, und man kann einige besonders interessante Sinterformen bewundern: den »Spitzenvorhang«, den »Weißen Wasserfall«, die »Orgel«, das »Perlenhalsband« und den »Weihbrunnkessel«. Die mittleren Etagen der Höhlengänge erreicht man anschließend über 70 Stufen. Die Klüfte ziehen jedoch noch mächtig in die Höhe; das Ende des reinweißen Bergmilchschlots ist nicht einzusehen. Eine sogenannte Harnischfläche zeugt von Bewegungen der Gesteinspakete gegeneinander. Im »Großen Dom«, dem zentralen Raum der Höhle an der Kreuzung zweier Hauptklüfte, zweigt die 1,5 Meter bis 3 Meter breite und bis zu 10 Meter Höhe erreichende »Hohe Kluft« ab, die einer unterirdischen Klamm gleicht. Vorbei an Formen mit phantasievollen Namen geht der Weg zur »Erlenschlucht«, einer Erweiterung des sich schlängelnden Gangs, und über eine Stiege zu einer Plattform, von der aus man den »Niagarafall« und andere Sinter- und Tropfsteinpartien besichtigen kann. Dann müssen wir zurück zum »Großen Dom« und durch den erweiterten »Karl-Ludwig-Stollen«, von dem links die »Weiße Kluft« abzweigt, von der man auf einen zeitweise wenig Wasser führenden Teich hinunterblicken kann. An seinem Rand »sitzt« der »Tropfsteinzwerg«, und die »Tropfsteinorgel« wird sichtbar. Auf dem Weiterweg sieht man in die Tiefen der »Wolfsschlucht«, in die man früher absteigen mußte. Seit 1967/68 wird die Schlucht von einem Holzsteg überbrückt. Die »Rotunde« ist das letzte markante Tropfsteingebilde auf unserem Gang durch diese »Unterwelt«. An der Stelle des aufsteigenden Höhlenteils schimmert vom »Taubenloch« schon das Tageslicht zu uns herunter. Die Kluft weitet sich zur »Fürstenhalle«, und durch den mächtigen Gang steigt man auf rund 100 Stiegen zum Ausgang.

Der künstliche, mit einer Eisentür versehene Zugang zum »Kyrlelabyrinth«, das man ebenfalls besichtigen kann, liegt direkt am Verbindungsweg »Windloch« — »Taubenloch«. Auf Betonstufen einen 10 Meter langen Stollen absteigend, erreicht man den »Wurzelstollen«. Auf Stiegen weiter absteigend, gelangt man erst in die »Paradieshalle« mit reichem Tropfstein- und Sinterschmuck. Die »Riesenkluft« wird über einen schmäleren Kluftgang erreicht, und erneut über Stiegen geht es weiter in die Tiefe, zur »Einsiedlerhalle« und zum »Gnomentheater«. Auf dem gleichen Weg kehrt man zurück und findet immer wieder neue begeisternde Blickpunkte, denn das »Kyrlelabyrinth« ist wunderbar reich versintert und bietet ein wesentlich unberührteres Bild als die altbekannten Höhlenteile.

Wichtige Daten: Die Höhle liegt in Kirchberg am Wechsel, 29 Kilometer südwestlich von Wiener Neustadt; Autobushaltestelle Hermannshöhle an der Straße Kirchberg — Gloggnitz. Geöffnet von Ende März bis Anfang November, in der Karwoche und vom 1. Mai bis 30. September täglich, im April und im Oktober an Samstagen, Sonn- und Feiertagen. An den Betriebstagen ist die Höhle von 9 bis 17 Uhr geöffnet. Um 9.30 und 11 Uhr, um 13.30, 15 und 16.30 Uhr finden bei Lösung von mindestens 5 Eintrittskarten in jedem Fall Führungen statt. Normalroute: Führungsdauer ¾ Stunden; Kyrlelabyrinth: ½ Stunde; kombinierte Führung: 1½ Stunden. Fotografiererlaubnis während der Führung gegen Gebühr.

◁ Ein weitverzweigtes Kluftnetz von 5686 Meter verbirgt sich hinter dem Eingang zur Kluterthöhle. Einige Seen und besondere Sinterbildungen werden durch Unterwasserbeleuchtung und Strahler hervorgehoben.

Bekannt geworden ▷ ist die Kluterthöhle in letzter Zeit durch besonders gute heilklimatische Erfolge bei Asthma bronchialis, chronischer Bronchitis und Heuschnupfen.

Steinbrucharbeiter entdeckten 1907 die Attahöhle, die heute zu den schönsten Schauhöhlen Deutschlands gehört. Ein Höhepunkt des 1800 Meter langen Führungswegs ist der »Arkadengang«.

Die Höhlen Deutschlands

Nur ein geringer Teil Deutschlands wird von Karstgebieten bedeckt. Das größte zusammenhängende Karstgebiet ist die Fränkische Alb, in der etwa 3000 Höhlen katastermäßig erfaßt sind. Die Schwäbische Alb führt etwa 1029 Höhlen in ihrem Höhlenverzeichnis auf, die meist in den Gesteinen des Weißjura liegen. Auch im hochalpinen Karst des Zugspitzplatts und im bayerischen Teil des Untersbergs und des Steinernen Meers wurde bereits eine größere Anzahl Höhlen entdeckt und erforscht. Dort liegt auch die tiefste Höhle Deutschlands, die Kargrabenhöhle im Untersberg mit einer Tiefe von 446,5 Meter; die längste Höhle Deutschlands, die Salzgrabenhöhle, befindet sich im Siemetsberg und besitzt eine Tiefe von 265 Meter bei einer Länge von 6 Kilometer. Im Bereich des Rheinischen Schiefergebirges, der östlichen Fortsetzung der Ardennen, gibt es einige devonische Kalkinseln, in denen über 100 Höhlen vorkommen, insbesondere im Sauerland und im Bergischen Land. Auch der Harz, ein isoliertes Gebirge sogenannter herzynischer Herkunft, beherbergt einige Höhlen. Die ein Drittel des Bundesgebiets ausmachende Norddeutsche Tiefebene besitzt nur einige Höhlen, darunter ist die bekannteste eine Gipshöhle, die Kalkberghöhle bei Bad Segeberg in Schleswig-Holstein.

Als Schauhöhlen ausgebaut wurden bisher 36 deutsche Höhlen. Große Höhlen sind in Deutschland selten, und die teilweise beachtliche Tropfsteinbildung kann sich mit der in Jugoslawien, Italien, Frankreich und Spanien nicht messen.

Bekannt und berühmt sind die deutschen Höhlen dagegen wegen ihrer paläontologischen und prähistorischen Funde. Der 1856 in der kleinen Feldhofer Höhle im Neandertal bei Düsseldorf gefundene »Neandertaler« wurde zum Markstein der Menschheitsgeschichte.

Die Höhlenforschung begann in Deutschland schon sehr früh: Bereits in der zweiten Hälfte des vorigen Jahrhunderts waren 20 deutsche Höhlen mehr oder weniger erschlossen, einige davon wurden sogar schon durch eigene Aggregate elektrisch beleuchtet, lange bevor die umliegenden Orte Elektrizität erhielten.

Der Verband der Deutschen Höhlen- und Karstforscher, Geschäftsstelle Birkenstr. 6, 8059 Eichenried, erteilt Auskunft.

Kluterthöhle

Die Kluterthöhle liegt im Ennepetal in Nordrhein-Westfalen am Nordrand des Sauerlandes, nordöstlich von Wuppertal. Sie ist auf der sogenannten Höhlenstraße erreichbar, die am rechten Ufer der Ennepe und am Südwesthang des Klutertberges verläuft.

Die Eingangshöhe der Kluterthöhle liegt 193,87 Meter über dem Meeresspiegel. Sie ist 5686 Meter lang und weist einen Höhenunterschied von 26 Meter auf. Ihre Hauptrichtung verläuft von Osten nach Westen. Es handelt sich bei ihr um eine typische Korrosionshöhle, die an ein Kluftnetz der Bretonischen Phase, der sogenannten Variskischen Gebirgsfaltung, gebunden ist. Sie liegt in einer etwa 25 Meter mächtigen Schicht der »Oberen Honseler Schichten«, etwa 400 bis 370 Millionen Jahre alt (oberes Mitteldevon).

Von einer Entdeckung im üblichen Sinn kann bei der Kluterthöhle nicht gesprochen werden; sie hat sozusagen mehrere Entdeckungen mitgemacht. Im Jülisch-Klevischen Krieg 1586 und im Dreißigjährigen Krieg verbarg sich bereits die protestantische Bevölkerung aus der Umgebung vor den raubenden und mordenden spanischen Söldnertruppen in der Kluterthöhle. Auf einer Karte der Grafschaft Mark von Jaillot aus Paris im Jahr 1692 ist die Höhle unter dem Namen »Cluiters« eingetragen. 1773 empfahl J. H. Schütte in seiner »Neuen Beschreibung des Schwelmer Gesundbrunnens« den Kurgästen die Besichtigung der Kluterthöhle. Den ersten Höhlenplan stellten der Schwelmer Badearzt Castringius und Strucke im Jahr 1800 auf. Wiard Griepenburg gab 1929 den ersten genauen Plan heraus und fand 1932 im Eingangsbereich der Höhle Gefäßscherben, die auf die Zeit zwischen 1100 bis 1300 n. Chr. datiert werden konnten.

Die Höhle ist für Besucher auf 2 Kilometer gut ausgebaut und mit elektrischer Beleuchtung versehen, wobei bestimmte Eigenheiten der Höhle durch besondere Beleuchtungseffekte hervorgehoben werden: eine Unterwasserbeleuchtung für den »Königsee« und die »Ostsee«, Strahler in der »Bismarckhalle«, und in der »Nördlichen Kluft«. Weitere Ausbauten sind geplant und werden ständig durchgeführt.

Reinweiße und buntgefärbte Kerzenstalagmiten wachsen auf den von der Decke heruntergebrochenen Versturzblöcken in der Attahöhle bei Attendorn. Decke und Wände schmücken Stalaktiten und Vorhänge in verschiedenen Farbtönungen.

Die kleine Führung über etwa 1 Kilometer dauert ½ Stunde, die große Führung über etwa 2½ Kilometer ungefähr 1 Stunde. Sogenannte »Abenteuerführungen« werden vom Arbeitskreis für Höhlenforschung des Verkehrsvereins Ennepetal außerhalb der Touristengänge als Sonderführungen durchgeführt.

In letzter Zeit wurde die Kluterthöhle wegen besonderer heilklimatischer Wirkungen bei Asthma bronchiale, bei chronischer Bronchitis und bei Heuschnupfen bekannt. Als sie — wie in früheren Zeiten als Zufluchtsort — im letzten Krieg als Luftschutzunterstand diente, machten Asthmatiker die Beobachtung, daß sie in der Höhle besser atmen konnten. Nach dem Krieg suchten zunehmend diese Kranken die Höhle auf, um dort Heilung zu finden. Der CO_2-Gehalt der Höhlenluft beträgt das 8- bis 15fache gegenüber der Außenluft, die relative Luftfeuchtigkeit liegt bei nahezu 100 Prozent, und die Temperatur bleibt gleichmäßig zwischen 8,4 bis 10,2° C. Wichtig ist noch, daß der Ozongehalt in der Höhle nur 1 Prozent gegenüber der Außenluft beträgt und dadurch Spasmen gelöst werden. Auch die natürliche Radioaktivität in der Höhle liegt um etwa 10 Prozent höher als im Freien. Die Luft in der Höhle ist außerdem noch staub- und algenfrei, was sehr wichtig ist, und die Höhle schirmt Reize elektrischer Natur ab. Es wurde durch Untersuchungen nun festgestellt, daß bei einer Kurzeit von 25 Tagen bei Asthmatikern und bei spastischen Bronchitikern gute Erfolge erzielt werden können.

Auskunft: Kurverwaltung, Bismarckstr. 21, 5828 Ennepetal 13, Tel. (0 23 33) 6 82 74.

Attahöhle

Das Erlebnis- und Urlaubsland »Südsauerland« ist auch das »Land der tausend Berge« und von Norden, Süden und Westen auf teilweise dreispurigen Autobahnen schnell zu erreichen. Von der Autobahnabfahrt Olpe, am herrlichen Biggesee entlang, ist es nur ein »Katzensprung« bis zur Attahöhle, einer Tropfsteinhöhle in Attendorn.

Steinbrucharbeiter entdeckten am 19. Juli 1907 nach einer Sprengung im Steinbruch der Biggetaler Kalkwerke den Eingang zu einer Höhle. Unverzüglich wurde mit dem Ausbau zur Schauhöhle begonnen, doch der erste Teilausbau bis 1912 war recht primitiv. Nachdem man erkannt hatte, daß man hier eine der schönsten, vielleicht sogar die schönste Höhle Deutschlands entdeckt hatte, trieb man die Erschließungsarbeiten weiter voran. Nach dem Bau eines künstlichen Eingangstollens 1925 und der Anlage eines sehr sorgfältig durchdachten Führungswegs konnte der Schauhöhlenbetrieb aufgenommen werden. Für neue Erschließungsarbeiten wurden dann 4½ weitere Jahre benötigt, da viele Engpässe, Steilhänge und Unebenheiten die Arbeiten erheblich erschwerten. Ein Plan der Höhle liegt der Verwaltung vor, ist aber bis heute noch in der Überarbeitung: Der tiefste Punkt der Höhle liegt 100 Meter unter der Erdoberfläche. Es wird erzählt, die Höhle sei 2,5 Kilometer lang.

Höhepunkte des 1800 Meter langen Rundgangs sind die »Alhambragrotte«, die »Zentralhalle«, die »Wolkenhalle«, die »Ruhmeshalle« und der »Kristallpalast«.

Alle diese Hallen und teilweise auch die Gänge, die die einzelnen Hallen miteinander verbinden, sind überreich mit Boden- und Deckenzapfen, Pfeilern, Säulen, Sintervorhängen, Sinterröhrchen und Sinterbecken sowie herrlichen Sinterkaskaden geschmückt. Aus der Fülle des Gebotenen sei nur der »Kristallpalast« herausgegriffen, der zwar auch den üblichen Tropfsteinschmuck aufzuweisen hat: darüber hinaus aber sind am Boden und am Sinterschmuck Unmengen glitzernder Kristalle zu sehen, die sich nur unter Wasser entwickeln konnten: ein Beweis dafür, daß der »Kristallpalast« nach jahrtausendelanger Trockenheit und nach der Entstehung der Tropfsteine wieder teilweise längere Zeit unter Wasser stand, so daß sich der kohlensaure Kalk in großen Kristallen absetzen konnte. Die Obergrenze der Kristallbildungen zeigt die damalige Höhe des Wasserstandes in der Höhle an.

Zu den Besonderheiten der Höhle gehört, daß die Stalagmiten und die Stalaktiten in der Attahöhle in 10 Jahren um etwa 1 Millimeter wachsen. Durch noch anstehende Forschungen in der Höhle wird auch geklärt werden können, ob

1500 Meter lang ist der Führungsweg der Wiehler Tropfsteinhöhle, der durch sinterarme Strecken, aber auch durch Hallen mit reichem Tropfsteinschmuck führt. Die hier abgebildete »Kanzel« liegt in einer der vielen schönen Höhlenpartien.

man die umgestürzten Tropfsteine in der »Simonsgrotte« mit datierten Erdstößen in vorgeschichtlicher Zeit in Verbindung bringen kann. Die sich um das künstliche Licht entwikkelnde Lampenflora ist in der Attahöhle mit 15 Moosarten vertreten.

Allgemeines: Dauer der Führung: 45 Minuten; in Gruppen zu 40 Personen. Führungszeiten: Täglich im Sommerhalbjahr von 9 bis 17 Uhr; im Winterhalbjahr 9.30 bis 16 Uhr.

Wiehler Tropfsteinhöhle

Südlich von Wiehl an der Straße Wiehl—Schloß Homburg im Bröltal bei Nümbrecht liegt die Wiehler Tropfsteinhöhle. Sie kann vom Bahnhof Wiehl mit dem Bus oder in zwanzig Minuten zu Fuß erreicht werden.

Bei Sprengungen in dem am Pfaffenberg bei Wiehl gelegenen Kalksteinbruch wurden um das Jahr 1860 Höhlengänge freigelegt, denen man keine Bedeutung schenkte. Man füllte sie teilweise mit Abraummengen und Gestein wieder auf und schlug die erreichbaren Tropfsteine ab. 1922 wurde nach früheren vergeblichen Versuchen das Interesse für die Höhle neu geweckt. Die Gemeinde stellte sie unter Schutz und beschloß die Erforschung der Höhle.

Die Erschließung begann 1926 und wurde als öffentliche Notstandsarbeit durchgeführt, um Arbeitsplätze zu schaffen, da zur damaligen Zeit große Erwerbslosigkeit herrschte. Ungeheure Mengen Schutt und Lehm wurden herausgeschafft. Dabei konnten neben den früher bekannten noch weitere Höhlengänge freigelegt werden. Am 4. August 1927 übergab die Gemeinde die Höhle der Öffentlichkeit.

Inzwischen sind zusätzliche Gänge ausgebaut worden; die Erschließung weiterer, noch vorhandener Hohlräume wird fortgesetzt.

Die Wiehler Tropfsteinhöhle liegt in Kalksteinen, die dem unteren Mitteldevon angehören. Diese bilden am Pfaffenberg inmitten von mächtigen Sandsteinen und Tonschiefern, die am Boden des flachen Devonmeers zum Absatz gelangten, ein isoliertes »Nest«. Korallenriffe bildeten sich nur in flachem, bis höchstens 40 Zentimeter tiefem und mindestens 20° C warmem Wasser, und zwar nur in Zeiten, in denen wenig Sand und Schlamm ins Meer geliefert wurden: Die Kalke vom Pfaffenberg bestehen aus versteinerten Korallen — zusammengesetzt aus Einzelkorallen, Stöcken mit schön erhaltener Struktur und zahlreichen versteinerten Seelilienstielen, die gemeinsam mit den Korallen aufwuchsen. Den Charakter des damaligen Devonmeers kann man sich aufgrund des Korallenriffs vom Pfaffenberg genau vorstellen. Sandsteine, Schiefer und Kalke wurden nach der Ablagerung des Korallenriffs in großen Mengen am Boden des Devonmeers abgesetzt. Im Karbon (der Steinkohlenzeit) wich das Meer nach Norden zurück, und das Gebiet des Devonmeers wurde festes Land. Alle im Meer abgelagerten Schichten wurden bei der gleichzeitig eintretenden Gebirgsbildung zusammengeschoben, aufgerichtet, gefaltet und zerbrochen. Diese Gebirgsbildung trat nach dem Absatz der Steinkohlenflöze im Ruhrgebiet und bei Aachen ein. Sie erreichte eine beträchtliche Ausdehnung und zog sich vom französischen Zentralplateau über die Nordalpen, Schwarzwald, Vogesen, Odenwald und Rheinisches Schiefergebirge bis zum Harz und nach Sachsen und Schlesien. Dieses Gebirge wird das »Variskische Gebirge« genannt (Faltung vor 270 bis 340 Millionen Jahren). Das Rheinische Schiefergebirge ist ein Abschnitt der heute noch erhaltenen Teile des Variskischen Gebirges, von dem die abtragenden Kräfte der Verwitterung und des fließenden Wassers große Teile bereits wieder eingeebnet haben. Das »Fossile Riff«, in dem sich die Höhle gebildet hat, weist eine Mächtigkeit von 30 bis 50 Meter auf und wird von gut gebankten Sandsteinen der Mühlenbergschichten überlagert. Die Gesamtlänge der Höhle beträgt über 1600 Meter. Auf dem Führungsweg werden 1500 Meter davon besichtigt. Es ist ein Labyrinth von Gängen, die von einigen großen Hallen unterbrochen werden. Neben sinterfreien Strecken trifft man reichen Tropfsteinschmuck an, der in den mannigfaltigsten Formen und in meist gelblicher oder weißer Farbe schimmert. Der interessanteste Teil der Höhle ist die »Kristallgrotte« mit ihren kristallographisch vorzüglich ausgebildeten Kalkspäten, die ganz das hohe Gewölbe überziehen. Hinter wallenden wei-

ßen »Vorhängen« sieht man in eine querlaufende Höhlenader, verziert mit hellen Bodenzapfen und Säulen. Weißer Sinter kommt aus einem steilen Schacht heraus, so daß an dieser Stelle Kristalle und Tropfsteine dicht nebeneinander vorkommen. Gut gebänderter Sinter, der im mittleren Teil der Höhle bis zu ½ Meter dick ist, stellt die Basis aller Neubildungen dar. Er liegt entweder direkt auf dem Kalkstein oder im Höhlenlehm auf. Trotz der geringen Temperatur von nur 8° C hat sich seit der Erschließung der Höhle um die Lichtquellen eine interessante Lampenflora entwickelt.
Auskunft beim Verkehrsamt in 5276 Wiehl, Bez. Köln, Tel. (0 22 62) 9 92 00.

Erdmannshöhle

In den fossilreichen dolomitischen Kalken des Muschelkalks sind Höhlen an sich selten. Dies ist nicht einfach die grundsätzliche Folge einer geringeren Standfestigkeit, sondern auch der Häufigkeit von wasserwegsamen Klüften und Schichtfugen, die als Wasserverteiler wirken können. Im Dünkelberg bei Lörrach dagegen, einer Muschelkalkscholle, die dem Schwarzwald im Süden gegen den Hochrhein zugelagert ist, sind zahlreiche Höhlen bekannt. Unter ihnen ist die ausgedehnteste und bedeutendste die Erdmannshöhle bei Hasel, die bereits im Jahr 1271 in einer Chronik erwähnt wird.
Auf einem Plan aus der Mitte des 18. Jahrhunderts ist sie als »Erdmännleins Grube« eingezeichnet. Daß sich die Menschen seit langer Zeit mit der Höhle beschäftigt haben, beweisen die zahlreichen Sagen, die sich um sie ranken. Professor Sander gab bereits 1773 eine genaue Beschreibung. Markgraf Karl Friedrich von Baden, der Gesegnete, besichtigte die Höhle im Jahr 1773, und aus diesem Anlaß wurde sie für den Besuch zugänglich gemacht. Der Staat wurde 1813 Eigentümer der Höhle — und verschloß sie. 1899 richtete man die elektrische Beleuchtung ein, lange bevor sie das Dorf Hasel bekam.
Ihren Namen hat die Erdmannshöhle nach den Sagen von den Erdmännlein erhalten, die dort vor Urzeiten gehaust haben sollen: Erdmännlein und Erdweiblein wohnten in ihr. Sie waren sehr kleine und hübsche Leute und standen sich gut mit den Haslern. Den Bösen gaben sie heilsame Ermahnungen, den Guten halfen sie bei den Arbeiten in Haus und Feld, wodurch sie zu Ansehen kamen.
Wenn jemand auf der Flucht war — etwa vor dem bösen Ritter Ruprecht von Bärenfels —, konnte er sicher sein, daß die Erdmännlein ihm in ihrer Höhle Schutz gewährten. Sie nahmen jeden, der gut war und in ihre Höhle gelangte, freundlich auf: so einmal auch die Fürstentochter Katharina, die auf Befehl ihres Vaters einen ungeliebten Mann heiraten sollte. Als sie durch einen tragischen Unfall ums Leben kam, sollen die Erdmännlein sie davongetragen und in einen steinernen Sarg in die Erdmannshöhle gelegt haben. Noch heute heißt ein Teil der Höhle daher »Fürstengruft«.
Die Höhle ist auf über 3000 Meter erforscht, davon sind 560 Meter Führungswege. Der Eingang öffnet sich 387 Meter über dem Meeresspiegel. Er wurde 1896 mit einem kleinen Häuschen überbaut, bei dem auch die Führung beginnt.
Auf 23 Stufen geht es hinunter ins »Burgverlies«. In einer Kluft an der Decke sieht man deutlich die Spuren der Auswaschung durch das Wasser. Die Decke stützt ein starker Pfeiler, denn gewaltige Kalkplatten drohen herabzustürzen. Wir sind in der Vorhalle zum größten Raum der alten Höhle, dem 21,4 Meter langen, 12,6 Meter breiten und 5 Meter hohen »Tempel«; von ihm gehen drei Gänge ab, und drei Treppen weisen den Weg: Nach links in die Höhe führt die Treppe zum »See«, hinab in die Tiefe geht es zur 9 Meter tieferliegenden »Bachhöhle« und rechts hinauf zum »langen Gang«. Hier beginnen die Tropfsteingebilde; »Totenkopf« und »Totengerippe« werden die ersten genannt. An einigen Stellen mußte der Weiterweg vertieft werden, weil hier der Gang sehr niedrig war. Vorbei geht es an 6 Stützpfeilern, die bereits vor 200 Jahren eingebaut wurden. Eine 40 Meter lange, sehr schöne Sinterpartie taucht auf der linken Seite auf; auch diese Tropfsteine tragen seit Jahrhunderten schon Phantasienamen wie »Eule«, »Gambrinus«, »Ritterburg«. Noch weit mehr Tropfsteingebilde waren einst malerisch benannt, aber durch die elektrische Beleuchtung

Die Erdmannshöhle bei Hasel wurde bereits 1271 erstmals erwähnt und im Jahr 1773 der Allgemeinheit zugänglich gemacht. Seit dieser Zeit sind Tausende von Tropfsteinen zerstört worden. Trotzdem kann man auch heute noch herrlichen Sinterschmuck sehen wie diese Orgelpfeifen.

Amerik. Füllofen
Hohler Tropfstein

Die größte Säule in der ▷ Erdmannshöhle hat eine Höhe von 4,5 Meter, einen unteren Durchmesser von 2 Meter; der obere Durchmesser beträgt 0,5 Meter: der »Große Stalagmit« in der »Fürstengruft«.

◁ Der »Amerikanische Füllofen« und der 2 Meter hohe »Hohle Tropfstein«, über dessen Entstehung es mehrere Theorien gibt, sind zwei der schönsten Sinterformationen in der »Fürstengruft« der Erdmannshöhle.

Der »Berggeist« ist das auffallendste Tropfsteingebilde in der Charlottenhöhle bei Hürben, die viele Stalaktiten (in Rettichform) und Stalagmiten aufweisen kann, ebenso zahlreiche interessante Erosionsformen.

ging oft die Schattenwirkung ganz verloren, die Kienspan und Fackel noch hervorriefen, die Namen gerieten in Vergessenheit. Rechts kommen wir zu den »Palmenstämmen«, zu »Adam und Eva« und anderen Gebilden. Der größte Teil der Tropfsteine wurde inzwischen ein Opfer der Zerstörungswut rücksichtsloser Besucher.

Dann betreten wir die »Fürstengruft«, den schönsten Teil der Höhle. Wie herrlich muß erst der Blick gewesen sein, als alle Tropfsteine noch vorhanden waren! Die »Fürstengruft« ist 10,4 Meter lang, 6,4 Meter breit und 3 bis 4 Meter hoch. Zwei große Tropfsteinsäulen stehen wie Wächter neben dem »Sarkophag«, einem großen Steinblock, der in Urzeiten einmal von der Decke stürzte und auf dessen Oberfläche sich Tropfsteine bildeten — die aber als Andenken wieder abgeschlagen wurden. Die vielen tausend Tropfsteine, die hier abgeschlagen wurden, müssen früher einen imposanten Anblick geboten haben! Links steht die größte Säule der Höhle mit 4,5 Meter Höhe, einem unteren Durchmesser von 2 Meter und einen oberen von 0,5 Meter. Die zweitgrößte Säule steht schräg gegenüber und zeichnet sich durch die Zierlichkeit der Formen und die Regelmäßigkeit der Windungen aus. Diese Säule ist in der Mitte zusammengewachsen und bildet somit eine Verbindung von Stalagmit und Stalaktit. Neben der größten Säule öffnet sich der Eingang zu einer Grotte, der eigentlichen »Gruft«. Es ist ein Verbindungsgang, der zur »Bachhöhle« führt, aber wegen des vielen Schlamms, der hier angeschwemmt wird, nicht begangen werden kann. Zwei übermannshohe beeindrukkende Tropfsteine stehen beim Ausgang der »Fürstengruft«, von denen der »Hohle Tropfstein«, ein 2 Meter hoher Stalagmit, der Wissenschaft noch immer das Rätsel seiner Entstehung aufgibt. Durch eine enge Passage mit vielen Wandversinterungen, über eine Treppe hinauf und durch einen Durchschlupf gelangen wir zu einem Raum, der mit den gewaltigen Ausmaßen von 28 Meter Länge, 4 bis 6,5 Meter Breite und bis zu 10 Meter Höhe der größte Raum vom gangbaren Teil der Höhle ist. Die Wände sind mit Kalksinterbildungen überzogen, die Ritteremblemen und -porträts gleichen; darum erhielt der Raum den Namen »Rittersaal«. Den Boden bedecken Felstrümmer, darunter die große, von unten aufgetürmte Fels-»Kanzel«. Zum Ende des gangbaren Teils, der durch eine Säule abgeschlossen wird, führt eine Steintreppe. Aus der Tiefe leuchtet ein Licht herauf. Dort unten kann man weitergehen und kommt über Felsen und Schlamm zu einem weiteren großen Höhlenraum und von da seitlich zurück zum Höhlenbach. Wegen der hohen Kosten hat man hier von einer Erschließung abgesehen. Zurück geht es zum »Tempel«, denn von hier aus führt eine Treppe hinab zur 9 Meter tiefer liegenden »Bachhöhle«. Unter dem »Kanzeldeckel« durch erreicht man die Brücke, die über den 3 Meter breiten Bach führt. Der schönste Stalaktit der Höhle, der fast 3 Meter lange, ständig vom Wasser überronnene »Chormantel«, hängt mit schönem »Faltenwurf« über der Brücke. Die »Orgel«, ein 5 Meter hohes und ebenso breites, prachtvolles Gebilde, fesselt an der Wand die Blicke. Über eine zweite Brücke gelangen wir in die »Hintere Bachhöhle«, wo wir den Höhlenbach wieder treffen. Unter großen Stalaktiten, die zum größten Teil, trotz eines Durchmessers von über einem halben Meter, abgeschlagen wurden, verschwindet der Bach ins Unerforschte. Bei längeren, ausgiebigen Niederschlägen steigt der Höhlenbach an, und dieser letzte Teil kann nicht besichtigt werden. Weihnachten 1941 erreichte das Hochwasser den bisher höchsten Stand (9 Meter über Normal); es stieg bis zur untersten Stufe der Treppe, die zum See führt.

Der Höhlenbach fließt 92 Meter vom Eingang entfernt und liegt 13,8 Meter tiefer als der Eingang auf der Talebene. Seine Quellen bilden sich durch die oberhalb des Dorfes versickernden Wassermengen des Haselbachs und aus weiteren, bisher noch unbekannten Zuflüssen. Vom »Rittersaal« aus kann man den Höhlenbach noch an drei Stellen verfolgen. Farbversuche erbrachten den Beweis, daß das Wasser des Höhlenbachs bei den »Wehrer Brunnen« aus zahlreichen Quellen, deren Zahl zwischen 6 und 12 schwankt, in 400 bis 1200 Meter Entfernung gegen Süden an verschiedenen Stellen, bald stärker, bald schwächer, aus dem Kalkfelsen austritt. Diese Versuche zeigten auch, daß das Wasser des Höhlenbachs für eine Strecke von 1200 Me-

An Engstellen in den Klüften der Charlottenhöhle findet man sehr oft glattpolierte, speckig glänzende Flächen. Sie entstanden, wie auch in anderen Höhlen, dadurch, daß sich die in der Höhle hausenden Höhlenbären dort immer hindurchzwängten.

ter im unterirdischen Lauf eine Zeit von 6 Stunden benötigt. Steil führt die Treppe hinauf zum »See« in der obersten Höhenlage. Beim Aufstieg hat man rechts seitwärts einen prächtigen Blick hinunter in die Bachhöhle. Der See hat sich aus Tropfwasser gebildet, das keinen Abfluß hat. Die Begehung des Abschnitts ist wegen der geringen Höhe des Raums beschwerlich. Wir streben wieder dem Ausgang zu, und das Licht des Tages umfängt uns.

Charlottenhöhle

Die Charlottenhöhle liegt im Dorf Hürben bei Giengen an der Brenz (Württemberg) in dolomitischem Kalkgestein, das auf eine interessante Entwicklung zurückgeht. Dieser dolomitische Kalk besteht aus Kalzit und Magnesit, verunreinigt durch Ton und Eisen. Im höheren Jura war das Gestein ein Riffkomplex von Kalkalgen und Kieselschwämmen, wobei der Kalk hauptsächlich bei der Verwesung abgestorbener Schwämme ausgeschieden wurde. Korallen in jüngeren Schichten zeigen, daß das Meer damals tropischen Charakter hatte und normal salzhaltig gewesen sein muß. Am Ende des Juras zog sich das Meer in den heutigen Alpenraum zurück. Die Landschaft um Hürben wurde aber so wenig gehoben, daß sie im jüngeren Tertiär erneut überflutet wurde. Davon zeugen große schluffige Sande in der Umgebung; und Reste von Roterde in Spalten weisen auf ein subtropisches Klima in jener Zeit hin. Die Höhlenbildung hat erst nach dem Abzug dieses zweiten Meers und nach Beseitigung der größten Ablagerungen begonnen.
Zwischen den Tälern der Umgebung und der Höhle muß ein Zusammenhang bestehen, da die Höhle durch langsam fließendes Wasser entstanden ist. Die Erdfälle westlich der Charlottenhöhle markieren keine Höhleneinstürze, sondern gehören ursprünglich zur »Trockenlegung«, Verkarstung des Talnetzes: Die tiefer als das benachbarte Trockental liegende Höhle wird ihr Wasser von dort bezogen haben; sie fiel selbst aber trocken, wie man vermutet, als sie von der Brenz so tief unterschnitten wurde, daß sich das Wasser aus ihrem Hinterland eigene Wege suchte. Heute mündet die Höhle in eine von der Hürbe durchflossene, einst von der Brenz geschaffene Talschlinge. Kleine, nicht begehbare Hohlräume stellen die Verbindung von Talnetz und Höhle her.
Die Entwicklung und Ausweitung der Höhle, die sich Forschungen zufolge (1967) voraussichtlich nicht nach Westen fortsetzt, kann als reines Breitenwachstum bezeichnet werden, da der Weg des Wassers durch Klüfte und Fugen vorgezeichnet war. Bestand die Gesteinsschichtung bereits lange Zeit, sind die Wasserwege waagrecht oder schräg gelagert. Schneiden sie das Gestein mehr oder minder senkrecht und kreuzen sie sich nahezu rechtwinklig, dann rissen sie erst bei der Hebung des Albkörpers auf. Typisch für solche Gangstrecken sind geradliniger oder abgewinkelter Verlauf und Verengung nach oben zu einer Deckenspalte, die oftmals nur als Riß angedeutet ist. Kluftgänge sind gewöhnlich Engstrecken, zumindest in ihrem oberen Teil. An Kluftkreuzungen entstehen Erweiterungen bis zu großen Hallen.
Nicht nur die Art des Wasserwegs entscheidet über die Form des Höhlenraums. Deutlich lassen sich zwei Stadien erkennen: ein oberes enges und ein unteres weites, wenn sie auch nicht immer gleich stark ausgeprägt sind. Nahe liegt es, das obere in den Anfang der Höhlenbildung zu stellen, um so mehr, als hier meist in Abständen von 50 bis 100 Meter ein Kamin nach oben führt, in Eingangsnähe häufiger. Hierzu zählt auch der Eingangsschacht der Charlottenhöhle, das »Hundsloch«. Das untere, weite Stadium wäre dann das sogenannte Flußhöhlenstadium am Höhepunkt seiner Entwässerungsleistung. Der Boden dieser unteren Höhle ist nicht eben, denn zwischen den Kaminen sind mehr oder minder ausgeprägte Mulden, und kurz nach der Mitte ist eine hohe Schwelle vorhanden. Kamine, die nach unten führen, sind weit seltener. Sie können aber durch Felsstürze oder durch Wegebau verschüttet sein. Im unteren Bereich sind nicht alle Engstrecken gewölbeartig erweitert. Ihr Querschnitt reichte demnach auch zur stärksten Wasserführung aus. Bis zu fünf deutlich abgesetzte waagrechte Felsleisten, sogenannte Wasserstandsmarken, die in Wirklichkeit jedoch Erosionsgrenzen sind, befinden sich in ihnen. Aus der Zahl und dem Abstand der Marken lassen

Als man die Bärenhöhle bei Erpfingen entdeckte, fand man die Überreste zahlreicher Höhlenbären. Eines dieser Skelette wurde gleich an Ort und Stelle rekonstruiert und aufgestellt. Vor 20 000 Jahren starben die Höhlenbären aus. Sie hatten ein Lebendgewicht von etwa 10 Zentner bei einer Größe bis zu 2 Meter.

sich jedoch keine Schlüsse ziehen, da in den Engstellen ein rasch wechselnder Wasserstand und eine erhöhte Fließgeschwindigkeit anzutreffen sind. Die Transportkraft der Höhlengewässer dürfte niemals so groß gewesen sein, daß eine mechanische Bearbeitung an den Wänden und an der Decke durch mitgeführte Steine möglich war. Vielmehr entstanden durch von oben eindringendes Wasser mit einer anderen Kalksättigung als das der Höhlengewässer nach der Mischung der Wässer, die erneut kalklösend waren, »Kolke« oder »Strudellöcher« (H. W. Franke 1962). Wieviel Zeit nötig war, um eine solche Höhle nur durch Kalkauflösung zu gestalten, kann bis heute nicht berechnet werden.
Bis heute ist auch die ungleiche Verteilung der Tropfsteine in der Höhle noch nicht geklärt. Das erste Drittel ist arm an Tropfsteinen, bergwärts liegen reichgeschmückte neben praktisch tropfsteinfreien Strecken. Die tropfsteinreichen Hallen liegen wahrscheinlich auf Kluftkreuzungen, die als »Wassersammler« gelten, es gibt aber auch tropfsteinreiche Engstrecken. Der »Hohe Kamin« zum Beispiel verbindet einen oberen, tropfsteingeschmückten mit einem unteren, tropfsteinarmen Gang. Am Eingang, wo die Verdunstung noch eine Rolle spielt, entsteht ein grauer, sehr feinkörniger Überzug mit Tropfsteinnasen längs der Felskanten. Fast nur noch grobkristalliner, glasig wirkender Sinter kommt weiter innen vor, wo die Luftfeuchtigkeit beinahe 100 Prozent erreicht. Die Färbung ist durch Eisen gelb bis bräunlich. Der Verlust von CO_2 (Kohlendioxid) des Tropfwassers bedingt hier die Kalkausscheidung, die schwerere Kohlensäure (in Wasser gelöstes Kohlendioxid) zieht hier in Bodennähe ab. Normalerweise sind Bodentropfsteine gedrungener und runder als die spitzen Deckentropfsteine. Viele Stalaktiten setzen in der Charlottenhöhle an halbkugeligen, aber auch spitzeren, rübenförmigen Gebilden an. Der Perlsinter, eine unreinere, mehr gesteinsähnliche Kalkbildung häuft sich auffällig. Nur ein Teil dieser Formen ist gleichzeitig, viele sind nacheinander entstanden. Doch es kommen auch Stellen vor, die erstaunlicherweise an der gleichen Stelle Kalkauflösung und Kalkausscheidung sowie angewitterte Tropfsteine und glatte, narbig verätzte Felspartien aufweisen. Nehmen wir an, die Vegetationsdecke über der Höhle sei zerstört und der Boden zum Teil ins Fließen geraten und abgetragen, wie das beim Nahen einer Eiszeit der Fall war. Dann mag durch Schutt und Fließerden auch der Eingang zugeschüttet worden sein. Jetzt erreichte zwar kalkaggressives, aber CO_2-armes Wasser die Höhle, Kalksättigung trat nicht ein. In der Höhle war der CO_2-Gehalt der feuchten Luft vergleichsweise höher, ein Ausgleich der Konzentration mit dem einsickernden Wasser konnte zur Kalkauflösung und damit zur Tropfsteinbildung in der Höhle führen. Auf dem Umweg über die Vegetation war das Tropfsteinwachstum in der Charlottenhöhle also klimaabhängig. Nun ist von anderen Höhlen bekannt, daß die nacheiszeitliche Wärmeperiode (Atlantikum) ein starkes Tropfsteinwachstum bewirkte. Eine chemische Altersbestimmung eines Tropfsteins aus der Charlottenhöhle scheint dem zu widersprechen, da der gemessene Tropfstein bereits in dieser Wärmeperiode, um 5970 v. Chr., zu wachsen aufgehört hat. Das kann jedoch nicht verallgemeinert werden, denn auch örtliche Störungen können das Wachstum einzelner Tropfsteine beenden.
Die Charlottenhöhle ist nicht nur wegen ihrer geologischen Besonderheiten so interessant, sondern auch durch ihre Lampenflora. In der Nähe des Eingangs, aber auch noch 100 Meter vom Eingang entfernt und völlig unabhängig vom Tageslicht, kann der Besucher in der Nähe der Beleuchtungskörper einen teilweise sehr dichten grünen Pflanzenrasen bemerken, der sich mit zunehmender Entfernung von den Beleuchtungskörpern in zarte Schleier und Fäden auflöst. Schließlich geht er in einen blaugrünen Wandbelag über, ähnlich dem bei den äußeren Eingangsfelsen. Insgesamt wurden von Klaus Dobat und anderen Forschern bisher im Lampenbereich der Charlottenhöhle neben 9 Blau- und Grünalgen 31 verschiedene Moose und 2 Farne festgestellt. Mit zunehmendem Lichtmangel tritt bei einigen Arten eine Reduktion der Blattflächen auf, bei anderen dagegen eine Blattstreckung. Eine höhere Feuchtigkeit scheint die Entwicklung von Blattzähnung und Wurzelhaarbildung zu fördern. Damit ist nur kurz das Zusammenspiel der beiden wichtigsten Umweltfaktoren Licht und Feuchtigkeit ange-

In der Karls- und Bärenhöhle. An engeren Stellen in der Höhle wird das abtropfende Wasser nach der Leeseite abgelenkt, so daß dort das Wachstum rascher erfolgt, der Tropfstein krumm wird. Die jungen Tropfsteine sind reinweiß, die älteren durch stärkere Zufuhr von Eisenverbindungen gelb bis braun.

deutet und deren Einfluß auf das Wachstum der Höhlenmoose. Natürlich werden auch Größe und Form der Blattzellen, Zellwanddicke und anderes davon betroffen. An dieser Stelle soll jedoch noch auf eine Besonderheit der Höhlenvegetation hingewiesen werden, die bei größeren Farnen deutlicher in Erscheinung tritt als bei kleinen Moosen: die senkrechte Einstellung der Blättchen zur Richtung des am stärksten einfallenden Lichtes. Die Pflanzen müssen das ihnen zur Verfügung stehende Licht bestmöglich ausnützen, es darf kein Licht verlorengehen. Während der Wintermonate müssen die Algen, Moose und Farne oft monatelange Dunkelperioden überstehen, und selbst im Sommer, in der Hauptbesuchszeit, brennen die Lampen nicht dauernd, sondern werden unterwegs innerhalb der Streckenabschnitte kurzfristig eingeschaltet. So ist es ein kleines Wunder, daß sich bei diesen dürftigen Lichtverhältnissen, dazu bei einer gleichbleibenden Luftfeuchtigkeit von 90 Prozent und einer Lufttemperatur von etwa 9° C, überhaupt pflanzliches Leben entwickeln und behaupten kann. Der Besucher sollte daher diesem ungewöhnlichen Lebensraum seine besondere Aufmerksamkeit zuwenden und ihn nicht, wie es leider häufig geschieht, durch gedankenloses Abreißen der Pflanzen zerstören.

Die Höhlenfauna bietet Zoologen (Löhrl; 1960) und tierbegeisterten Laien durch die acht vom Aussterben bedrohten Fledermausarten der Höhle viel Forschenswertes. Aus reichen eiszeitlichen Funden konnte man bisher den Höhlenbären, den Höhlenlöwen, das Wildpferd, das Fellnashorn, das Rentier und das Wildrind nachweisen.

Auf der Führung durch die 1893 zum ersten Mal gründlich erforschte Höhle kommt man an einer Fülle interessanter Tropfsteine und Formen vorbei. Charakteristisch ist für die Höhle der verhältnismäßig enge, oft Schlüssellochform aufweisende Gang, der von zehn hohen Hallen unterbrochen wird. Teilweise schöner Sinterschmuck in Rettichform, an einigen Stellen Bärenschliffe und Erosionsmarken ziehen das Auge des Besuchers auf sich.

Allgemeine Daten: Führungen täglich vom 1. April bis 31. Oktober von 8 bis 17 Uhr. Dauer 45 Minuten.

Bären- und Karlshöhle

In der Nähe von Reutlingen in der Schwäbischen Alb liegt die Erpfinger Höhle, auch Bären- und Karlshöhle genannt. Durch Zufall wurde die Karlshöhle am 13. Mai 1834 von dem Schullehrer Fauth in Erpfingen beim Baldrianwurzelsammeln auf dem Höllenberg dadurch entdeckt, daß ihm die Tabakdose in einen Felsspalt fiel. Er räumte einige verkeilte Steine ab und sah in einiger Tiefe ganze menschliche Gerippe liegen. Am nächsten Tag ging er mit Freunden und dem nötigen Gerät ausgerüstet wieder hin, und sie stiegen über eine Menge von Menschen- und Tierknochen, über Tropfsteine und Geröllschutt in die Höhle ab. Schon bald nach Bekanntwerden des Fundes setzte ein Ansturm von Neugierigen und Plünderern auf die Höhle ein. Vieles wurde mitgenommen oder sinnlos zertrümmert. Eine Anzeige brachte schließlich offiziellen Schutz, und die Höhle wurde an ihrem westlichen Ende durchbrochen, um sie zugänglicher zu machen. Dies war sehr leicht möglich, denn sie war nur mit Lehm und losem Geröll aus Jurakalk verschlossen.

Erst am 27. Dezember 1949 entdeckte der Erpfinger Malermeister und damalige Höhlenführer Karl Bez den Teil der »Bärenhöhle«. Bei seinen Höhlenführungen fiel ihm auf, daß in der Höhle umherfliegende Fledermäuse immer in einem Loch nahe der Decke in der Halle VII verschwanden. Nach Rücksprache mit seinem Bürgermeister im August 1949 wurde die Erkundung auf die Zeit zwischen Weihnachten und Neujahr verlegt, da in dieser Zeit der Führungsbetrieb ruhte. Es war ein richtiger »Schwabenstreich«, waren es doch sieben Schwaben, die einzeln und mit Leitern in die Höhle geschlichen kamen. Die Leitern wurden angelegt, drei stiegen zur Öffnung hinauf, die anderen mußten die Leitern halten. Die Öffnung war 80 Zentimeter hoch — und nach 3 Meter lag schon das erste Bärenskelett da. Bez ging zurück und schloß das Kabel an der Lichtmaschine an, damit sie alles besser sehen konnten. Unter einer Sinterbrücke durchkriechend kam er in eine große, eindrucksvolle Halle, wo er von piepsenden Fledermäusen empfangen wurde, die er durch das grelle Licht aus dem Schlaf gerissen hatte.

◁ *Im hintersten Teil der Neuen Bärenhöhle schiebt sich ein Sinterbecken wie ein Delta vor. Auf der langsam absinkenden Sinterfläche haben sich viele kleine Sinterbecken neu gebildet.*

△ *Bei der Besichtigung der Bären- und Karlshöhle kommt man durch Hallen mit übersintertem Verbruchschutt. Andere Räume ziert reicher Tropfsteinschmuck.*

Im Jahr 1486 wurde die Nebelhöhle erstmals erwähnt und 1804 mit einem großen Fest eröffnet. Daraus entwickelte sich das jährlich am Pfingstmontag stattfindende Nebelhöhlenfest. Auf den durch Fackelruß geschwärzten Tropfsteinen bildet sich weißer Sinter.

Schon bald darauf war das Institut der Tübinger Universität benachrichtigt; die wissenschaftlichen Arbeiten begannen. Im Gegensatz zur Karlshöhle, die trotz ihres Reichtums an Höhlenbärenresten nach kurzer Zeit fast völlig ausgeplündert war, ist es gelungen, bisher die Bärenhöhle vor diesem Schicksal zu bewahren.

Das »Fauthsloch«, durch das die Karlshöhle entdeckt wurde, liegt etwa 20 Meter rechts vom heutigen Höhleneingang, der in früheren Zeiten der Ausgang des von Norden nach Süden durchströmenden Höhlenbachs war. Die Höhle hat sieben Hallen, wovon einige sehr viel, teilweise übersinterten Verbruchschutt aufweisen. Halle VI ist die schönste der alten Höhle mit einer Höhe bis 16 Meter und einer Breite von etwa 16 Meter; sie war das alte »Bärenloch«, und in ihr fand man die meisten Bärenknochen und Schädel, die in Klüften und unter den abgestürzten Felsen des Verbruchs lagen. In Halle VII wurde das 1,5 Meter breite und 0,8 Meter hohe Loch entdeckt, das in die neue Bärenhöhle führt.

Der Einstieg in die neue Höhle führt an der Wand entlang durch Sinterkalk. Oben in der Bärenhöhle findet man Lagen von kristallinem Sinterkalk, die sehr jung sein müssen, da von ihnen Bärenknochen übersintert wurden. Der schönste Teil der Höhle ist die »Große Halle« mit 32 Meter Breite und 10 Meter Höhe, mit einem großen Tropfsteinfeld auf altem Verbruch, wobei die Bodenzapfen vorherrschen. Die ganze Halle weist reichen Sinterschmuck auf; Sintervorhänge, kleine Deckentropfsteine, die schief gedreht und verbogen sind, Sägezahnsinter ist an der Decke zu sehen, während den Boden schöne Sinterbecken bedecken. Der alte Eingang ist nach der Zeit der Höhlenbären zusammengebrochen. Nicht freigelegt wurde der eigentliche Ausgang, da er auf Undinger Markung liegt.

Das Klima der Bärenhöhle hat sich seit der Erschließung stark verändert. Mit der Karlshöhle stand sie vorher nur durch eine enge Öffnung in Verbindung; der Luftzug war gering, die feuchte Höhlenluft blieb erhalten, denn auch die Verdunstung war gering. Das von der Decke und den Wänden herabtropfende und -rieselnde Wasser baute Tropfsteine und Sinterböden auf, Sinterbecken bildeten sich und liefen über — alles glänzte einst im blendenden Weiß der Kalke, denn die Tropfsteinhöhle »lebte« noch. Die Öffnung des neuen Ausgangs und die Erweiterung der Verbindung der beiden Höhlen hatten raschere Lufterneuerung und Abzug der starken Luftfeuchtigkeit zur Folge. Durch das trockene Klima verdunstete das Wasser meist schon an der Decke und bildete weiße Überzüge. Der Sinter an der Decke und am Boden wuchs nicht mehr weiter, die Sinterbecken trockneten aus, und Staub setzte sich überall fest. Das alte Klima kehrt heute nur im Winter auf kurze Zeit zurück, wenn die Höhle nicht mehr durchlüftet wird und mehr Sickerwasser anfällt. Dann tropft und rinnt das Wasser wieder überall, füllt erneut die Sinterbecken und sorgt für das Wachstum der Tropfsteine.

Allgemeine Daten: Die Bärenhöhle ist von März bis November täglich durchgehend geöffnet. Auskunft: Bürgermeisteramt, 7411 Sonnenbühl 1, Ortschaftsverwaltung Erpfingen, Tel. (0 71 28) 8 77 und 8 78. Zufahrt: Autobahnabfahrt Flughafen Stuttgart in Richtung Reutlingen (B 312). Postbus dreimal täglich ab Reutlingen über Undingen, Haltestelle Erpfingen. Mit dem Auto über die Schwäbische Albstraße, die in unmittelbarer Nähe der Bärenhöhle vorbeiführt. Zu Fuß auf schönen Albvereinswegen von der Station Lichtenstein in 1½ Stunden.

Nebelhöhle

Seit Jahrhunderten zählt die 1486 erstmals erwähnte Nebelhöhle bei Genkingen in der Schwäbischen Alb zu den bedeutendsten Sehenswürdigkeiten des Landes. Wann sie entdeckt wurde, ist nicht bekannt; der Sage nach sollen Jäger auf der Suche nach einem Rehbock die Höhle gefunden haben. Vor Anbruch des 19. Jahrhunderts besuchten das »Nebelloch« außer einigen Gelehrten, die sie dann ausführlich beschrieben, nur wenige Menschen, da sie »ein mühsamer und beschwerlicher Schlupf« war. Erst als Kurfürst Friedrich I. von Württemberg, der nachmalige König Friedrich I.,

In der Nebelhöhle. Die früher mit dicken Tropfsteinen besetzte alte Höhlendecke ist nachträglich teilweise zerstört worden; ob durch Auflösung oder Auskolkung (chemisch oder mechanisch), ist schwer zu entscheiden. Die Deutung der fast kreisrunden Farbstreifen als »Anwachsnarben« alter Tropfsteine ist wohl die einfachste.

1803 die Höhle zu besichtigen wünschte, wurden ein bequemer Eingang, Treppen und Wege gebaut, die Höhle populär. Dieses wachsende Interesse gab den Anlaß zu einer großen Beleuchtung der Höhle im Jahre 1804. Das alljährlich am Pfingstmontag stattfindende »Nebelhöhlenfest« entwickelte sich daraus. Wilhelm Hauffs Roman »Lichtenstein«, in dem er den landflüchtigen Herzog Ulrich in der Nebelhöhle Zuflucht suchen ließ, steigerte das Interesse an der Höhle gewaltig. W. Kopp und K. Rau fanden 1920 eine Fortsetzung, die Neue Nebelhöhle, die elektrisch beleuchtet wurde. Die Nebelhöhle stieg zwischen den beiden Weltkriegen zur meistbesuchten Schauhöhle der Schwäbischen Alb auf. In der alten Nebelhöhle haben die vom Ruß der Fackeln geschwärzten Tropfsteine zum Teil einen frischen, an Zuckerguß erinnernden Sinterüberzug erhalten.

Die unter einer Kuppe in der Nähe des Albtraufs im Weißen-Jura-Delta liegende Nebelhöhle ist 380 Meter lang, ihre Sohle liegt in etwa 780 Meter Höhe über dem Meeresspiegel. Da die Trockentäler der Umgebung tiefer liegen, handelt es sich um eine sehr alte Höhle. In einigen Hallen liegen gewaltige, beeindruckende Versturzblöcke. Die Nebelhöhle besitzt vor allem prächtige Bodentropfsteine, die in der Hallenmitte wenig vertreten sind, gegen die Hallenwände zu dagegen häufiger werden. Sinterkaskaden findet man vereinzelt unterhalb von Kaminen. Zahlreiche Deckenkolke und einige angewitterte Wände mit einer ein Zentimeter tiefen kreidigen Oberfläche begeistern den Besucher, ebenso die gut entwickelte Lampenflora.

Allgemeines: nächste Bahnstation Unterhausen (Kreis Reutlingen). Mit Postbus: von Tübingen über Gomaringen, von Reutlingen über Pfullingen-Stuhlsteige nach Genkingen. Mit dem Auto: von der B 27 zwischen Tübingen und Hachingen über Gomaringen, von Reutlingen (Station Lichtenstein), Genkingen oder von Pfullingen über die Stuhlsteige (Wackerstein) zur Nebelhöhle. Großer Parkplatz bei der Höhle. Im Sommerhalbjahr finden täglich Führungen statt, im Winter nach Vereinbarung. Anmeldung und Auskunft: Bürgermeisteramt Genkingen; Telefon Undingen (07 12 03) 6 82.

Teufelshöhle

Noch vor hundert Jahren bezeichneten die Einheimischen das im Weihersbachtal zwischen Pottenstein in der Fränkischen Alb und der Schüttersmühle auf dem westlichen Ufer sich öffnende gewaltige Höhlenportal als »Teufelsloch«. Man erzählte, daß hinter dieser dunklen Pforte der Teufel sein Unwesen treibe. 1829 war »die größte Höhle dieser Gegend, in welche man mit einer Fuhre Heu fahren kann, und die fast nur aus einem einzigen Felsengang besteht« (J. Heller) nach 80 Meter zu Ende, sie verlor sich in niedrigen Abzweigungen. Diese Ansicht hielt sich bis in die zwanziger Jahre dieses Jahrhunderts. Verschiedene Theorien über Fortsetzung und Entstehung der Höhle wurden geäußert (Dr. A. Neischl, Prof. Dr. H. Brand), bis schließlich die Stadt Pottenstein einen Entschluß Brands unterstützte, die Fortsetzung der Teufelshöhle zu erkunden und die Höhle in ihrem ganzen Ausmaß für die Öffentlichkeit zu erschließen.

Mitten in der Inflation, im Oktober 1922, wurde mit dem Vorhaben begonnen. Die Abschlußwand des bisherigen Abschlußtunnels wurde durchgesprengt und die ersten Tropfsteingrotten gefunden, die alle Erwartungen übertrafen. Sorgfältige Vermessungen über und unter der Erde ergaben die Richtlinien für eine zielsichere Erschließung von leicht erreichbaren weiteren Höhlenräumen, die gangbar gemacht, elektrisch beleuchtet und der Öffentlichkeit übergeben wurden. Mit allen Mitteln neuzeitlicher Technik machte man die tieferliegenden, stark verschütteten, aber hochinteressanten Siphonhöhlen im zähen Dolomitfels zugänglich. Im August 1923 setzte dann ein Massenbesuch der Teufelshöhle aus dem In- und Ausland ein.

In einer zweiten Erschließungsepoche, die 8 Jahre in Anspruch nahm und bei der ein fahrbarer Kompressor mit elektrischem Antrieb zum Betrieb der Bohrhämmer sowie eine Schmalspurbahn zur Beförderung der herausgebrochenen Gesteinsmengen eingesetzt wurden, gelang es, die Höhle in einer Ausdehnung von 1500 Meter für die Besichtigung freizugeben. Die schwierigsten Arbeiten waren die Überwindung einer 21 Meter hohen Steilwand im »Barbarossadom«

Mächtige Bodenzapfen kommen in der Nebelhöhle häufig vor. Sie stehen meist in der Nähe der Seitenwände. Vereinzelte Sinterkaskaden haben sich unter Kaminen gebildet wie das auf der Abbildung gezeigte große Sinterbecken.

gewesen, der Einbau einer Treppenanlage zum »Kalvarienberg« und die Vortreibung von 285 Meter langen Strecken zur Verbindung der einzelnen Höhlenkammern. Ebenso schwierig war die unauffällige Kabelverlegung für die Beleuchtungsanlage, die Auswahl der richtig abgestuften Lichtstärken bei den Lampen und Strahlern und die richtige Plazierung der Beleuchtungskörper.

Das Sprengen in den Grotten mußte schließlich weitgehend eingeschränkt werden, weil durch die Erschütterungen der Abfall und die Beschädigung des herrlichen Tropfsteinschmucks möglich gewesen wäre und der Rauchniederschlag mehrere Zentimeter tief in die poröse Sintermasse eindrang und deren Glanz trübte. Neben der Entdeckung der großartigen Höhlenräume und deren wunderbarem Sinterschmuck wurden auch Fundstätten aus der Urzeit freigelegt.

Dr. Adalbert Neischl bahnte der modernen, wissenschaftlichen Höhlenforschung die Wege; ihm verdanken wir die Erkenntnis, daß in der Teufelshöhle vor urdenklichen Zeiten Urmensch und Höhlenbär hausten. Dies bestätigen Knochenfunde und Kulturreste aus prähistorischer Zeit. In drei kleinen Nebenhöhlen wurden Berge von Knochen verendeter Tiere, darunter auch mehrere Schädel von Höhlenbären, gefunden, die hier während der Eiszeit lebten, wahrscheinlich durch einen Versturz von der Außenwelt abgeschnitten wurden und in der Höhle verhungern mußten. Die Teufelshöhle barg noch weitere Reste der pleistozänen (eiszeitlichen) Tierwelt: Knochen und Zähne des Mammuts — aber auch einen Mammutknochen, der dem Eiszeitmenschen als Keule gedient hatte.

Die Teufelshöhle und die Fränkische Schweiz können den Ruhm in Anspruch nehmen, daß durch ihre Funde die Frage des eiszeitlichen Menschen erstmals der Wissenschaft vorgelegt wurde.

Heute ist es möglich, auf gut angelegten, abgesicherten und elektrisch beleuchteten Wegen, die den Blick auf die schönsten Partien der Höhle freigeben, in 45 Minuten unter kundiger Führung die Höhle zu durchwandern.

Allgemeine Daten: Führungen (mindestens 5 Personen) in der Teufelshöhle vom 1. April bis 31. Oktober täglich von 8 bis 18 Uhr. Sonderführungen in der Zeit vom 1. November mit 31. März müssen bei der Verwaltung der Teufelshöhle (unter Rufnummer 0 92 43 / 2 17) rechtzeitig angemeldet werden. Auskunft: Verwaltung der Teufelshöhle, 8573 Pottenstein/Fränkische Schweiz.

König-Otto-Höhle

Bei St. Koloman in der Nähe von Velburg in der Oberpfalz befindet sich der mit einer Eisentüre verschlossene Eingang zur König-Otto-Höhle. Die im Fränkischen Jura liegende Tropfsteinhöhle hieß zunächst nach ihrem Entdecker Peter Federl »Federlhöhle« (1895), wurde aber schon wenig später nach König Otto I. von Bayern benannt und »mit Fäustling und Meißel« begehbar gemacht. Durch die Führungen in der Höhle mit Fackeln und durch die Ausleuchtung mit Magnesiumlicht kam es zur Verrußung und Schwärzung der Räume und der Versinterungen. Seit der Installation der elektrischen Beleuchtung (1945) sind an den verschiedensten, wieder aktiven Tropfstellen neue, farbenprächtige Übersinterungen an den verrußten Tropfsteinen entstanden, die reinweiße und rotbraune glänzende Farben aufweisen. In der Vorhalle zur Höhle kamen während der Erschließungsarbeiten Kulturreste aus der Bronze- und Eisenzeit zum Vorschein, die aus Keramik, Schmuck und Skeletten bestanden. Sie sind heute im Germanischen Museum in Nürnberg ausgestellt.

Nach einem Abstieg auf einer hölzernen Treppe steht der Besucher mitten im »Erlenhain«, einem Säulenwald von faszinierender Schönheit. Hier reihen sich bis in die entlegensten Nischen hinein zusammengewachsene, teilweise wieder dem Zerfall ausgesetzte Tropfsteine jeder Form und Größe aneinander. Mächtige Stalagmiten, prächtige Sinterkaskaden, Sinterbecken unterschiedlicher Größen und Formen sowie eine reiche Ausstattung der Höhlendecke mit Sinterschmuck geben der Höhle ihr Gepräge. Durch den 1976 neu angelegten Weg in der »Niederwaldgrotte« kann man anschaulich das jahrtausendealte Wachstum der Höhle verfolgen. Den Höhepunkt der Höhlenbesichtigung aber bietet der am

Seite 148 »Kaiser Maximilian« nennt man diesen Tropfstein der Teufelshöhle. Es ist der schönste der Höhle, und er lenkt durch seine besondere Form und seinen exponierten Standpunkt alle Blicke auf sich.

Mühevoll war die Erschließung der Teufelshöhle bei Pottenstein, mußten doch die einzelnen tropfsteinreichen Hallen durch künstliche Stollen miteinander verbunden werden. Beim »Bart des Kaisers Barbarossa« (im Bild) — die Arbeit hat sich gelohnt!

1. Advent 1972 von Mitgliedern der Höhlenforschergruppe »Höhle und Karst — Franken« entdeckte und von ihnen »Adventhalle« benannte neue Höhlenabschnitt. Er ist so farbenprächtig und formenreich, daß man beschloß, ihn der Allgemeinheit zugänglich zu machen. 1976/77 konnte im Herbst und Winter der Ausbau erfolgen. Bei den umfangreichen Arbeiten, die auch teilweise die alte Höhle mit einschlossen, fand man Tierknochen und eine von der alten zur neuen Höhle führende Verbruchzone. Gewaltige Deckeneinstürze waren damit verbunden gewesen. Auf den zahlreichen, am Boden liegenden Versturzteilen haben sich große, lotrechte Stalagmiten gebildet, die beweisen, daß der Deckeneinsturz bereits Jahrtausende zurückliegt. Die einzelnen Verbruchstücke sind weitgehend durch Sinter wieder miteinander verbunden. Besonders interessant sind in der Adventhalle die noch teilweise erhaltene Zwischendecke mit ihren aufsitzenden Stalagmiten und die verschiedenen Erosionsmarken, die noch heute den damaligen Wasserstand in der Höhle anzeigen. Filigranartige Sinterbildungen und durch Mineralien hervorgerufene farbige Tönungen begeistern den Besucher ebenso wie die vielen sägezahnartigen Sintervorhänge, die von der Decke herabhängen, und die korkzieherartige Windungen aufweisenden, unzähligen Stalaktiten.

Ein Steg führt über schöne Sinterbecken, die mit Sinterperlen und walzenförmigen Sintergebilden gefüllt und deren Wände mit feinen nadelspitzen Kalzitkristallen bewachsen sind.

Nicht erst heute, sondern bereits lange vor dem Menschen haben die Fledermäuse diesen Höhlenteil entdeckt und im Winter bewohnt, wie ein übersintertes Fledermausskelett beweist.

Allgemeines: Auf markiertem Weg ist die Höhle in wenigen Minuten von St. Koloman aus zu erreichen. In der Zeit vom 1. April bis 31. Oktober kann die Höhle täglich von 9 bis 18 Uhr besichtigt werden; der Höhlenführer ist ständig anwesend. Für größere Gruppen empfiehlt sich eine Voranmeldung beim Fremdenverkehrsamt Velburg, Tel. (0 91 82) 2 07.

Schellenberger Eishöhle

Bereits 1826 findet man die Schellenberger Eishöhle bei Markt Schellenberg an der deutsch-österreichischen Grenze (Berchtesgaden) in einer bayerischen Generalstabskarte eingetragen. 1874 wurde von A. Posselt, einem Salzburger Höhlenforscher, zum ersten Mal über die Höhle berichtet. Im Jahr 1876 legte Professor Eberhard Fugger den ersten Plan an.

1879 ließ die Alpenvereinssektion zwei Wege zur Höhle bauen, den einen vom Schellenberger Sattel, den anderen vom Tal aus, vom Hangenden Stein (in der Nähe der heutigen österreichischen Grenzstation). Wohlausgerüstet tauchte am 1. Oktober 1910 Alexander von Mörk zur Weiterforschung auf. Nach 15 Meter Abstieg an der Strickleiter erreichte er den später nach ihm benannten »Mörkdom«, stieg auch noch über den »Vierten Eisfall« hinunter und betrat als erster die heutige »Fuggerhalle«. Zugleich vermaß er die bekannten Teile der Höhle nochmals und fertigte einen neuen Plan an, der noch vorhanden ist.

Viele Jahre nach diesem Unternehmen, im Jahr 1923, gründete der Schellenberger Kaufmann Thomas Eder den »Verein für Höhlenkunde — Schellenberg«, und unter enormem ideellen wie materiellem Einsatz wurde von ihm und Freiwilligen die Schauhöhle ausgebaut. 1935/36 entstand nach seiner Idee — und mit seinen Mitteln — ein Felsensteig, wie er im Berchtesgadener Land kein zweites Mal zu finden ist: In den steilen, fast senkrechten Wänden der Mittagsschartenwand führt er über Stufen und durch 3 Tunnel hinauf in die Mittagsscharte und überwindet dabei einen Höhenunterschied von 130 Meter.

Unser Aufstieg vom Hangenden Stein aus zum Eingang führt in 2½ Stunden über die Kienbergalm, Mitterkaser und Sandkaser zur Toni-Lenz-Hütte, von der wir nach kurzer Pause in 20 Minuten zur Höhle hinaufsteigen. Hier erwartet uns der Höhlenführer Fritz Eigert, ein Bergnarr und begeisterter Höhlenforscher, der schon seit 1965 (ganzjährig) in der Hütte haust. Bei der Verschnaufpause auf der Bank vor dem Höhleneingang erklärt uns Fritz die umliegenden

Am 1. Advent 1972 entdeckten Mitglieder der Forschungsgruppe »Höhle und Karst — Franken« in der schon seit 1895 bekannten König-Otto-Höhle bei Velburg in Oberfranken diese neue große Halle, die sie »Adventhalle« nannten. Sie besitzt reichen Sinterschmuck und einige Sinterbecken.

Seite 149 *In der mit interessantem Tropfsteinschmuck ausgestatteten Teufelshöhle (Nahansicht). Noch in manchen Höhlen wird man bereits am Eingang für die Führung mit einer Karbidlampe ausgerüstet.*

Berge, auf die wir einen herrlichen Blick weit in die Runde haben, bevor wir uns den Wundern und Schönheiten im Inneren des Untersbergmassivs zuwenden.

Zunächst aber noch ein kurzer Streifzug durch die Entstehungsgeschichte dieser Höhle und von Eishöhlen im besonderen:

Den Untersberg zählt man zu den Nördlichen Kalkalpen, im engeren Sinn zu den Berchtesgadener Kalkalpen, die sich aus mehreren Schichten zusammensetzen. Die oberste Schicht besteht aus Dachsteinkalk, darunter liegt der Dachsteindolomit. Es folgt eine tonig-mergliche und ziemlich wasserundurchlässige Schicht, die Raiblerschicht. Unter dieser liegt dann der Ramsaudolomit. Marmor tritt an der Nordseite des Untersbergs zutage. Das aus Ablagerungen im Meer entstandene Sedimentgestein Kalk war ursprünglich waagrecht gelagert. Die vorher genannten Schichten wurden im Lauf der Erdgeschichte gesenkt oder gehoben und verschoben. Das Massiv des Untersbergs wurde durch diese Erdbewegungen einseitig gehoben, so daß die Schichtungen mit 60° nach Nordnordwest einfallen, wie man in Blickrichtung zum mächtigen Berchtesgadener Hochthron deutlich erkennen kann.

Bei dieser Anhebung des Massivs kam es gleichzeitig zu Rissen und Klüften. Diese »Verwerfungen« genannten Bruchstellen waren wie bei den meisten Höhlen für die Höhlenbildung verantwortlich, ein Großteil der Höhlen und Höhlenräume entstand durch sie. Durch das Abrutschen des Gesteins bildeten sich sogenannte Harnischflächen: Das sind durch Abrutschen entstandene glatte Flächen, die wie poliert aussehen — Zeugen einer Entwicklungsgeschichte, die man bei der Führung dann selbst im Gestein erkennen kann.

Eishöhlen werden in zwei Gruppen eingeteilt: in dynamisch bewetterte wie die Eisriesenwelt im Tennengebirge und in statisch bewetterte, absinkende, wie die Schellenberger Eishöhle. Die unteren Enden von meist großen Höhlensystemen bilden die dynamisch bewetterten Eishöhlen. Sie haben, im großen gesehen, einen jahreszeitlich bedingten Richtungswechsel der Luftzirkulation: Im Sommer sinkt die relativ kältere, schwerere Luft beim Eingang ins Freie hin ab und saugt warme Luft durch Schlote von oben nach, die sich beim Fall an Höhlengestein und Eis rasch abkühlt. Umgekehrt ist die Wetterführung im Winter: Die wärmere Höhenluft steigt nach oben, die Kaltluft von draußen wird beim Eingang nachgezogen; daher der ständige Luftzug, der sich an schmalen, engen Stellen besonders stark bemerkbar macht (Höhlensturm).

Die Verhältnisse liegen bei statischen Höhlen ganz anders, diese Höhlen sinken nach unten ab und sind damit praktisch luftdicht abgeschlossen. Im Winter kann die kalte, schwere Luft wohl eindringen, aber nicht abfließen. In den Hauptgängen ist deutlich spürbar ein in beide Richtungen streichender Luftzug vorhanden. Die kalte Luft drängt am Boden in die Höhle, die wärmere Höhlenluft wird an die Höhlendecke und nach außen gedrückt. Innerhalb dieser Eishöhle findet im Sommer nur ein minimaler Temperaturausgleich statt (zwischen — 0,5° C und + 1° C). Im tiefsten Teil der Schellenberger Eishöhle, der »Fuggerhalle«, ist die Temperatur in der warmen Jahreszeit höher als in der Eingangsregion, der »Angermayerhalle« (zwischen — 8,8° C und + 1,5° C). Beim Betreten oder Verlassen der Höhle bemerkt man im oberen Teil der Eingangshalle deutlich die Kaltluftgrenze.

Schon im Spätherbst fängt die Eisschicht langsam zu wachsen an, und die Temperatur innerhalb der Höhle sinkt merklich. Das Eis könnte auch im Winter weiterwachsen, aber durch Frost und Schneefall versiegt die Wasserzufuhr, und nur an einigen Stellen im Eisteil sickert Wasser nach und bildet neues Eis. Bereits im Februar oder März beginnt die Haupteisbildung und wird bei weiterer Erwärmung und Schneeschmelze immer stärker. Jährlich muß Fritz Eigert zwischen 800 bis 1200 Stunden aufwenden, um die Eishöhle für die Besucher begehbar zu machen.

Die »Angermayerhalle« (Eingangshalle) ist der bisher größte Raum der Höhle mit 70 Meter Länge, 40 Meter Breite und 8 bis 10 Meter Höhe. Von der Eingangsschwelle bis zum Beginn der Eisoberfläche besteht ein Höhenunterschied von 21 Meter; die Dicke des Eises in der Halle beträgt 30 Me-

Auf den Resten von Zwischendecken haben sich Stalaktiten und Excentriques gebildet. Die schönen Erosionsmarken zeigen an, wie hoch der Wasserstand hier in der »Adventhalle« der König-Otto-Höhle einst war.

ter. Vorsichtig geschätzt sind etwa 60000 Kubikmeter Eis in der Höhle vorhanden! Zum »Dohlenfriedhof«, zwei Etagen höher und 80 Meter über uns, führt ein Steigbaum an der hinteren Wand der Halle hinauf. Hier wurden zahlreiche Dohlenskelette gefunden. Ob auch andere Vogelarten darunter sind und ob der nahende Tod (wie bei vielen Tierarten) die Tiere an diesen einsamen Ort trieb (oder ein anderer Grund), das wird erst eine eingehendere Untersuchung klären müssen.

Bevor wir die Halle verlassen, blicken wir noch in einen Schlot, der zum »Dohlenfriedhof« hinaufführt. Über Holztreppen geht es zum schimmernden »Ersten Eisfall« und zur Eisorgel hinunter. Nach dem »Zweiten Eisfall« kommt die Stelle, an der Posselt 1974 aufgab. An zarten Eisgebilden vorbei erreichen wir die »Wasserstelle«. Hier befand sich früher ein tiefes Wasserbecken. An der rechten Eiswand sehen wir deutlich, wie das Eis Schicht für Schicht gewachsen ist.

Weiter steigen wir in die Tiefe des Berges, in der unzählige Eiskristalle glitzern und funkeln, als wären Decken und Wände mit Edelsteinen besetzt.

Wir gehen weiter bis zu einer kompakten, illuminierbaren Eiswand, der Stelle, die Fugger 1876 erreichte. Auf wenigen Stufen gelangen wir zum tiefsten Teil des Führungsteils, 55 Meter unter der Eingangsschwelle. Die »Fuggerhalle« liegt 34 Meter unter dem Eis, der Eisboden, auf dem wir stehen, hat eine Dicke von 12 Meter. Die Hauptmasse des Eises ist etwa 3000 Jahre alt; das ergaben Pollenanalysen der im Eis eingeschlossenen Schmutzschichten. Im Hintergrund der »Fuggerhalle« steigt ein 30 Meter langer, verstürzt endender Lehmgang steil nach oben. Die Verlängerung nach unten ist der »Thomas-Eder-Schacht«, der in den »Max-Gadinger-Raum« hinunterführte, der während des Zweiten Weltkrieges mit Eis zugewachsen ist. Beim Schein der Magnesiumbeleuchtung verlassen wir die »Fuggerhalle« und steigen zum »Vierten Eisfall« auf, von dem aus es zum schönsten Teil der Eishöhle weitergeht, zum prächtigen »Mörkdom«.

Noch einmal bestaunen wir im Schein des brennenden Magnesiumbandes die glitzernde Pracht, die Vielfalt der Formen, die zarten Gebilde der Kristalle und Nadeln und die durchscheinend leuchtenden Farben des Eises. Der »Willi-Zuhra-Stollen« bringt uns zur Eingangshalle zurück, vorbei am Steigbaum zum »Dohlenfriedhof«. Ein kurzer Blick geht zum Eingang des »Spiralgangs«, der wie eine Wendeltreppe 15 Meter hinaufführt und dann blind endet. Etwa rechts davon ist der Eingang zum »Labyrinth« zu sehen, ein Höhlensystem für sich, durch das nicht geführt wird; es ist eisfrei und hat dem touristischen Besucher nichts Interessantes zu bieten.

Über den Eingangsschnee geht es aus diesem Zauberreich hinaus in die Wirklichkeit des Tageslichts.

Nun müssen wir uns entscheiden, ob wir zur Toni-Lenz-Hütte und von da nach Schellenberg absteigen oder über den Felsensteig zur Mittagsscharte und links ab zum Berchtesgadener Hochthron, zum Störhaus und hinunter nach Maria Gern.

Als dritte Möglichkeit bietet sich der Felsensteig an der Mittagsscharte an; dann aber ist rechts ab zum Salzburger Hochthron und entweder zum Zeppezauer Haus und von da aus nach Glanegg abzusteigen oder (für Touristen, die nicht gut zu Fuß sind) über das Berggasthaus »Hochalm« zur Bergstation der Untersbergseilbahn zu gehen, die in 7 Minuten unten in St. Leonhard/Österreich ist.

Allgemeines: Dauer der Führung 45 Minuten. Beleuchtung durch Karbidlampen, die vom Führer zur Verfügung gestellt werden und selbst getragen werden müssen. Besondere Sehenswürdigkeiten werden mit Magnesiumlicht ausgeleuchtet. Führungsweg: 500 Meter langer Rundgang auf Laufbrettern und Holztreppen; der Höhenunterschied beträgt 55 Meter.

Führungsbetrieb von Pfingsten bis 31. Oktober, täglich von 9 bis 17 Uhr vom Höhleneingang aus. Sonderführung nach Vereinbarung mit dem Führer. Die Toni-Lenz-Hütte ist von Pfingsten bis Ende Oktober bewirtschaftet (12 Betten). Der Reinerlös des viel Wissenswertes vermittelnden Höhlenführer-Heftes von Fritz Eigert kommt der Forschergruppe des Vereins für Höhlenkunde in Schellenberg zugute.

Karrenfeld im Wettersteinkalk des Zugspitzplatts in 2500 Meter Höhe. Deutlich erkennbar die härteren Einschlüsse und die Schubrichtung des ehemaligen Zugspitzgletschers. Karrenfelder sind typische Karsterscheinungen.

In der Schellenberger Eishöhle. Im Schein des Magnesiumlichts glitzern und funkeln die von Eis überzogenen Felswände, der Eisberg, die Eiszapfen und die vielen Eiskristalle in rötlicher, weißer, blauer und grüner Farbe. ▷

Pollenanalysen der im Eis eingeschlossenen Schmutzschichten ergaben ein Alter von 300 Jahren für die Hauptmasse des Eises in der Schellenberger Eishöhle. An der rechten Wand ist deutlich zu sehen, wie das Eis Schicht um Schicht gewachsen ist.

14 ausgewählte
Höhlen-Grundrisse und
1 Längsschnitt

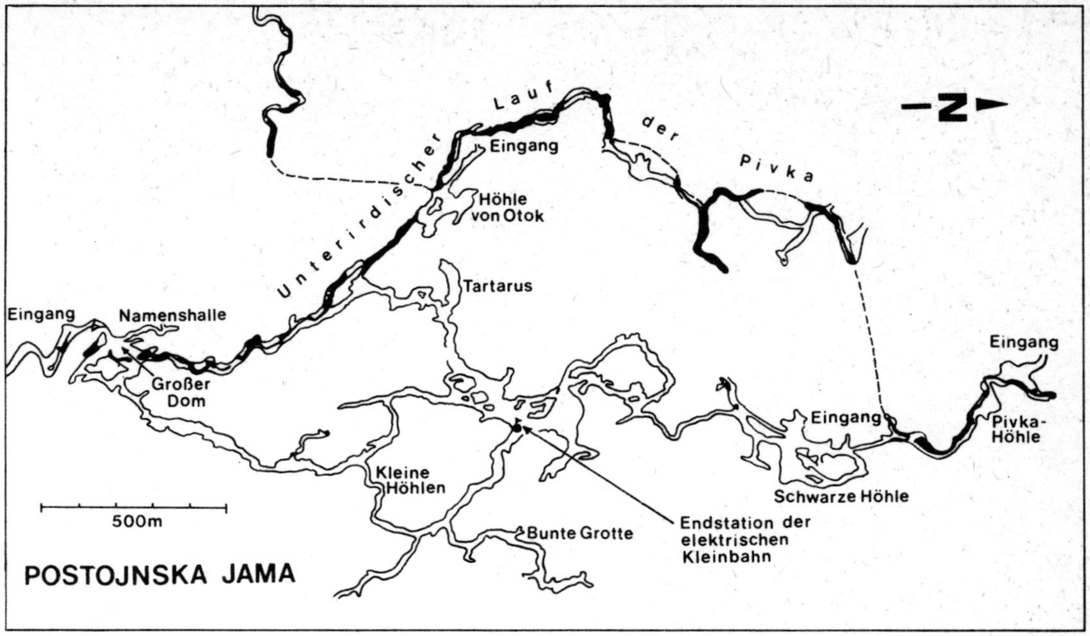

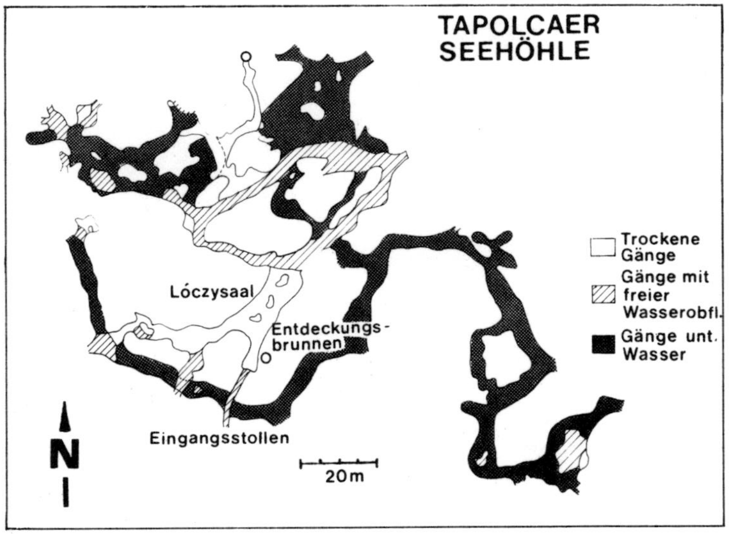

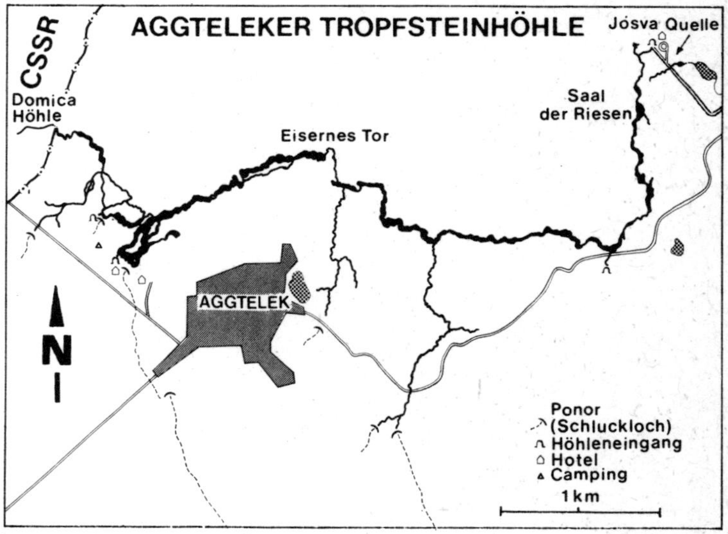

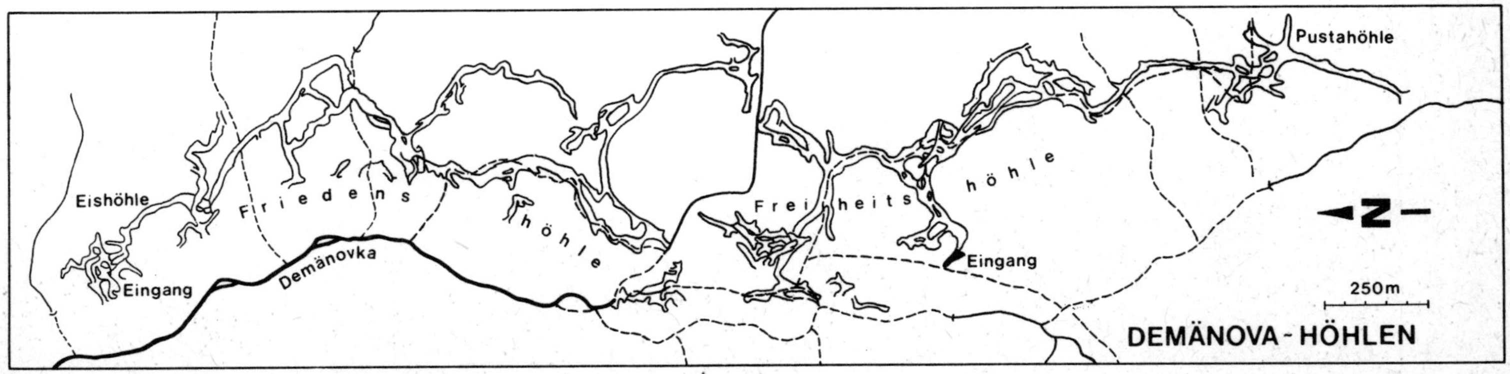

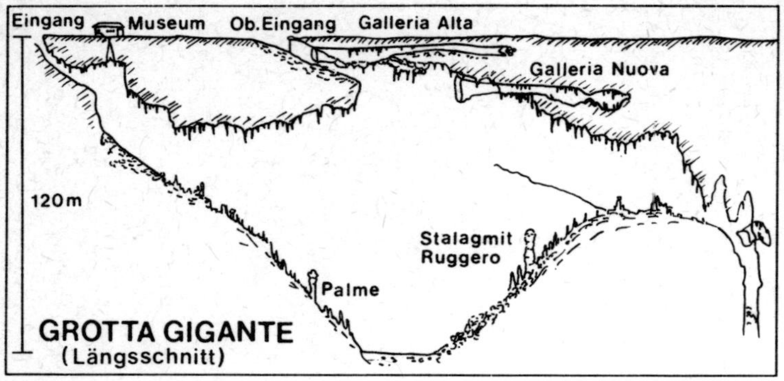
Eingang
Museum
Ob. Eingang
Galleria Alta
Galleria Nuova
120 m
Stalagmit
Ruggero
Palme
GROTTA GIGANTE
(Längsschnitt)

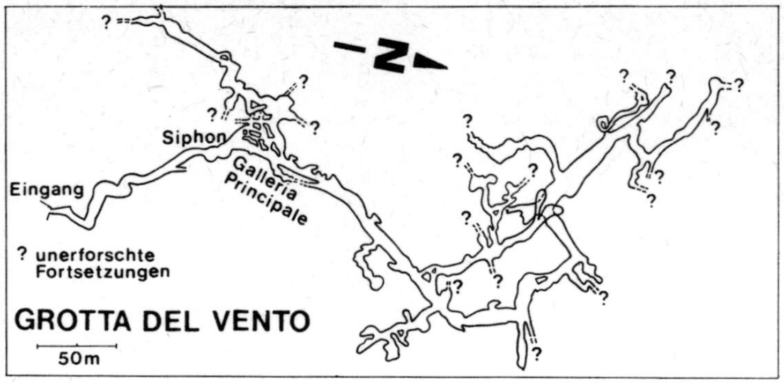
Z
Siphon
Eingang
Galleria
Principale
? unerforschte
Fortsetzungen
GROTTA DEL VENTO
50 m

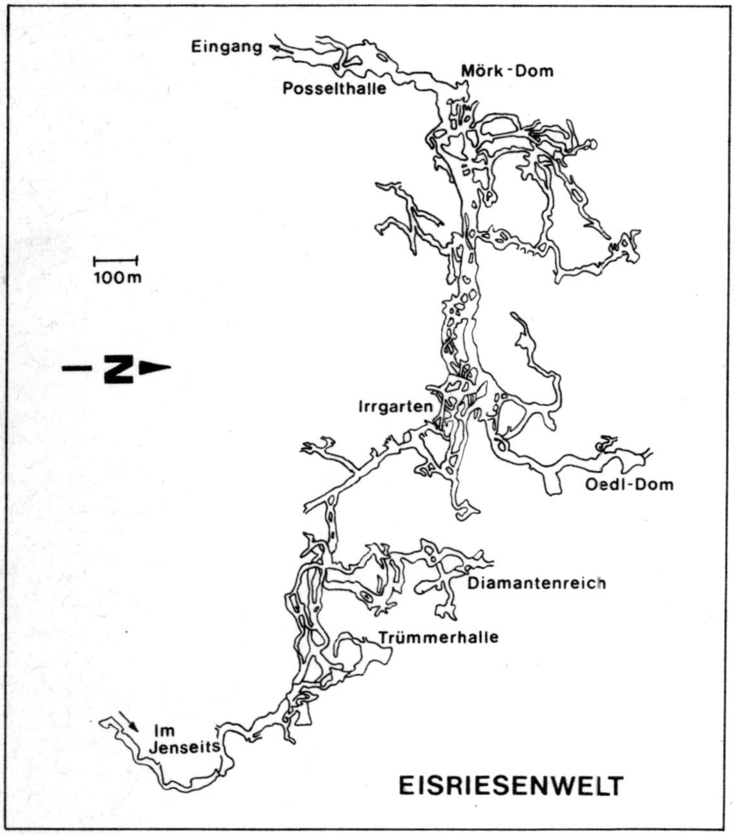
Eingang
Posselthalle
Mörk-Dom
100 m
Z
Irrgarten
Oedl-Dom
Diamantenreich
Trümmerhalle
Im
Jenseits
EISRIESENWELT

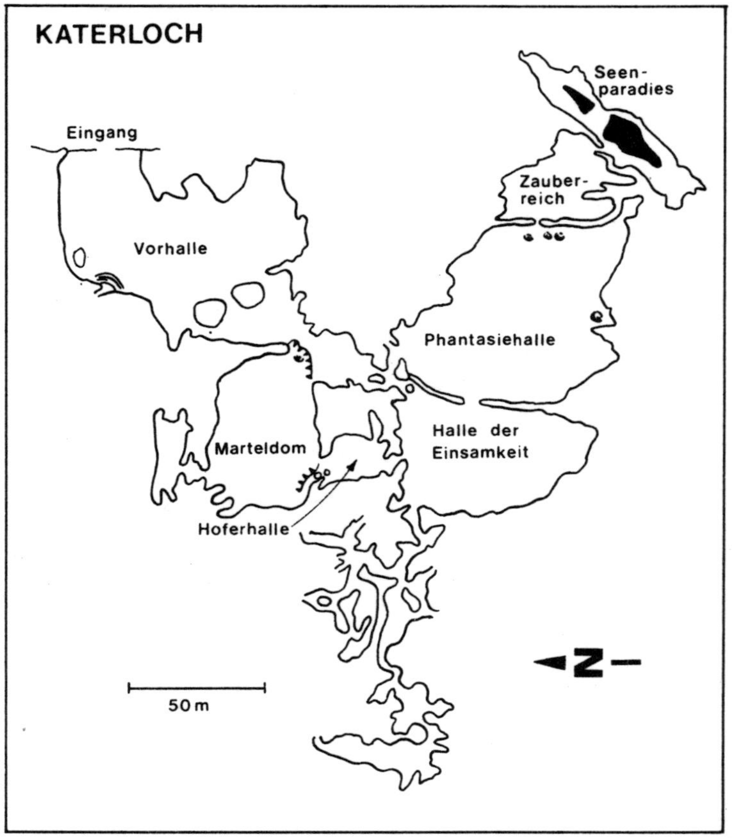
KATERLOCH
Seen-
paradies
Eingang
Zauber-
reich
Vorhalle
Phantasiehalle
Halle der
Einsamkeit
Marteldom
Hoferhalle
Z
50 m

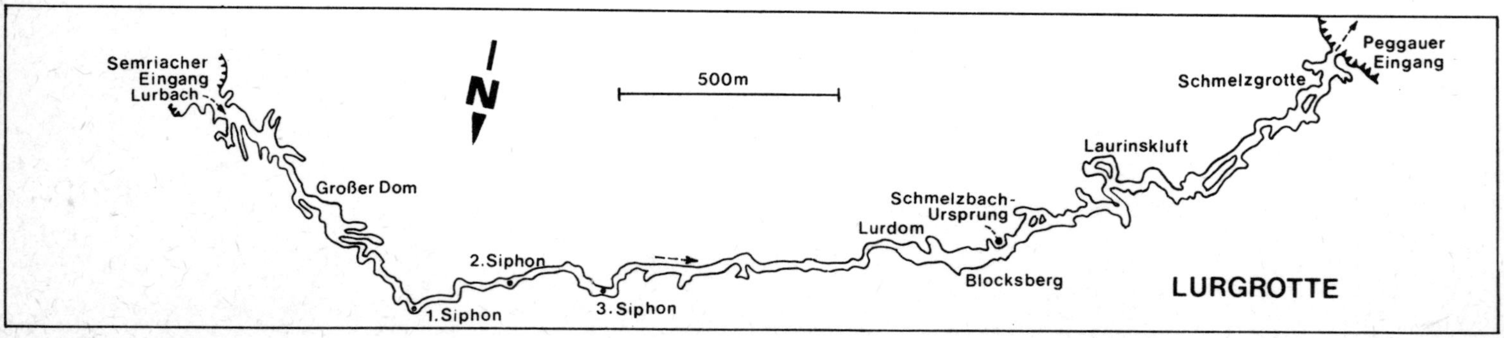
Semriacher
Eingang
Lurbach
N
500 m
Peggauer
Eingang
Schmelzgrotte
Laurinskluft
Großer Dom
Schmelzbach-
Ursprung
Lurdom
2. Siphon
Blocksberg
LURGROTTE
1. Siphon
3. Siphon

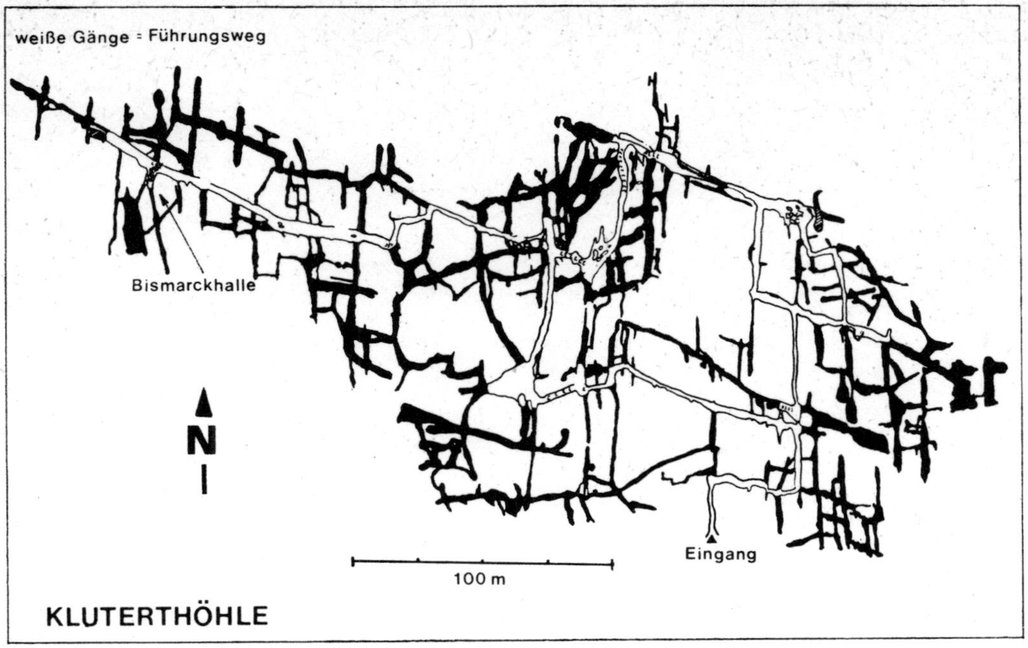
weiße Gänge = Führungsweg
Bismarckhalle
N
Eingang
100 m
KLUTERTHÖHLE

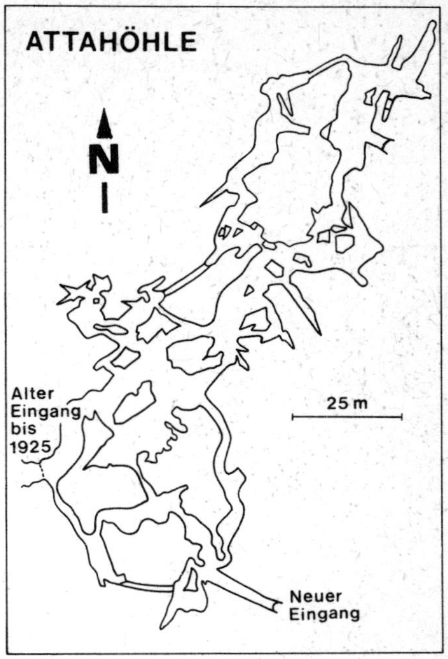
ATTAHÖHLE
N
Alter Eingang bis 1925
25 m
Neuer Eingang

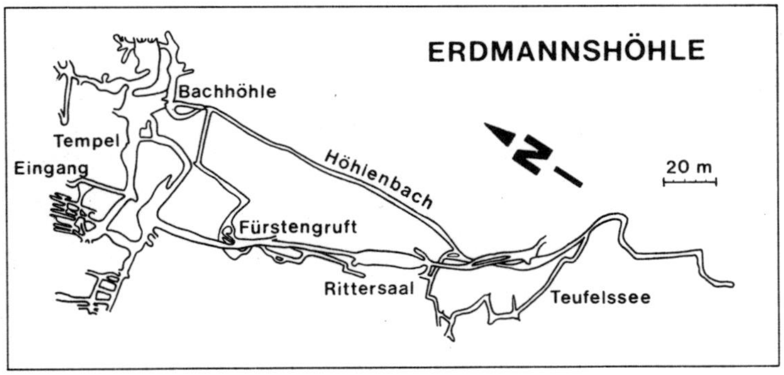
ERDMANNSHÖHLE
Bachhöhle
Tempel
Eingang
Höhlenbach
N
20 m
Fürstengruft
Rittersaal
Teufelssee

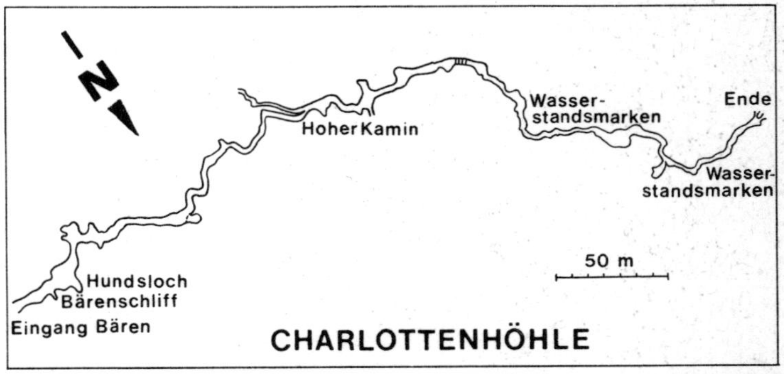
N
Wasser-standsmarken
Ende
Hoher Kamin
Wasser-standsmarken
50 m
Hundsloch
Bärenschliff
Eingang Bären
CHARLOTTENHÖHLE

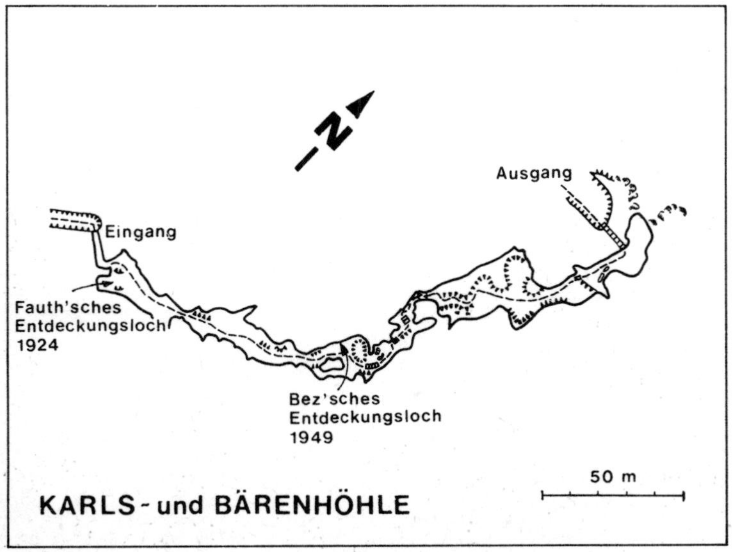
N
Ausgang
Eingang
Fauth'sches Entdeckungsloch 1924
Bez'sches Entdeckungsloch 1949
50 m
KARLS- und BÄRENHÖHLE

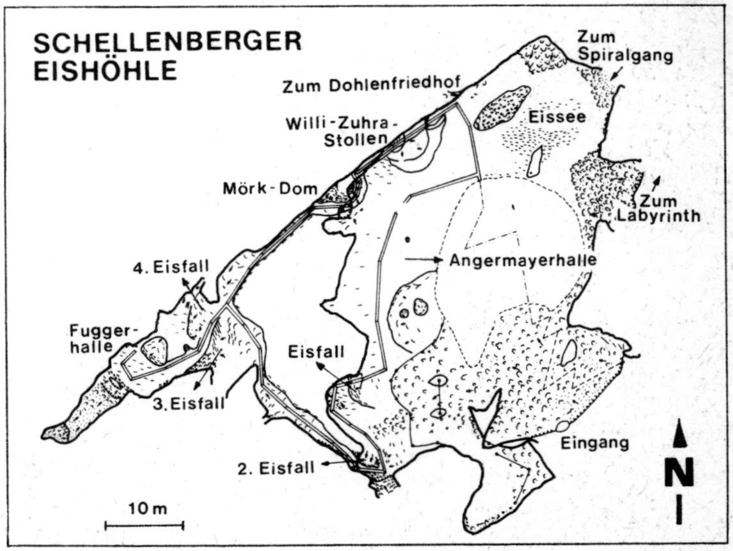
SCHELLENBERGER EISHÖHLE
Zum Spiralgang
Zum Dohlenfriedhof
Eissee
Willi-Zuhra-Stollen
Mörk-Dom
Zum Labyrinth
Angermayerhalle
4. Eisfall
Fugger-halle
Eisfall
3. Eisfall
Eingang
N
2. Eisfall
10 m

Literaturnachweis

Jugoslawien Dr. France Habe, Die Höhle von Postojna. Touristisches Hotelunternehmen 1976. — Dr. Jovan Petrovic, Resavske pecine. Turisticka Stampa, Beograd 1977.
Ungarn Dr. H. Kessler, Das Aggteleker Höhlengebiet. Fremdenverkehrsamt, Komitates Borsod-Abauj-Zemplén. — T. Hazslinszky/K. Székely, Ungarische Schauhöhlen.
Tschechoslowakei Dr. A. Droppa, Höhlenforschung in der Tschechoslowakei.
Polen Jerzy Mikuszew, Die Höhle Raj.
Italien C. Finocchiaro, La Grotta Gigante Sul Carso Triestino. Commissione Grotte. E. Boegan 1974 Trieste. — Prof. Anelli, Grotta di Castellana. — V. V. Bozzello, Le Grotte D'Italia. Guida Turismo Sotterraneo, 1970.
Spanien Stiftung der Höhle von Nerja, La Cueva de Nerja. Edificio Cervantes, Granada. — Dr. Telesvoro Bravo, Cueva de los Verdes.
Belgien A. de Prémorel/J. Janssens, Han — ein Gang durch eine Zauberwelt, 1959.
Frankreich R. de Joly, Guide de L'Aven d'Orgnac, 1975. Imprimerie Louis-Jean.
Schweiz St. Beatus-Höhlen. Verlag Beatushöhlengenossenschaft, Sundlauenen/Bern — CH; Edition Arts-Voyages, Bruxelles 1959.
Österreich Dr. E. v. Angermayer/Dr. Ing. R. Oedl, Die Eisriesenwelt im Tennengebirge, 1948. — Landesverein für Höhlenkunde in Steiermark, Die Lurgrotte. Im Eigenverlag 1953. — H. Hofer, Das Katerloch. Im Eigenverlag, Berghaus Katerloch, H. Hofer.
Deutschland H. Binder, Dr. K. E. Bleich, Schauhöhlen in Deutschland. Schwabenwerk Taschenbuchreihe. — E. Klein, Die Erdmannshöhle. Haseler Höhle e. V., Gemeinde Hasel. — A. Sieghardt, Teufelshöhle. Zweckverband Teufelshöhle, Pottenstein. — Dr. G. Wagner, Die Bärenhöhle bei Erpfingen. Gem. Erpfingen, 1969. — Verband der Deutschen Höhlen- und Karstforscher e. V., München: Reihe A — Speleologie — Heft 3, Die Charlottenhöhle bei Hürben, 1968. — Fritz Eigert, Die Schellenberger Eishöhle. Verein für Höhlenkunde Schellenberg e. V. — Dr. H. Trimmel, Höhlenkunde. Vieweg, Braunschweig; VIII, 1968. — V. Aellen/P. Strinati, Die Höhlen Europas. BLV-Höhlenführer, München 1977.
Danken möchte ich noch den Schauhöhlenverwaltungen für das freundlicherweise zur Verfügung gestellte Führer-, Karten- und Bildmaterial.

Erläuterungen wichtiger Stichwörter

Doline Karsttrichter, geschlossen; oberirdische Karsthohlform; schüsselartige Vertiefungen der Karstoberfläche.
Erosion Ausnagung. In Höhlen: Erweiterung und Umgestaltung vorhandener Höhlenräume durch die Arbeit der vom Wasser mitgeführten Gesteinsteilchen und Sande.
Excentriques Vielfältig gekrümmte, im Wachstum nicht schwerkraftorientierte Kalzit- und Aragonitbildungen, deren Entstehung noch nicht einwandfrei geklärt ist.
Flysch Schweizerische Bezeichnung für eine mächtige, mannigfaltige Gruppe von Sedimentgesteinen, wenig Kalkstein, viel Sandstein, Schiefer, Grauwacken und Konglomerate. Hauptsächlich in der Nordrandzone der Alpen.
Gerinne In Höhlen fließende Gewässer. Druckgerinne: Wasserlauf, in dem das Wasser unter Druck weitergepreßt wird. Gravitationsgerinne: das Wasser läuft auf Grund der Schwerkraft auf geneigter Unterfläche ab.
Höhlenperlen Sie entstehen in Sinterbecken durch Tropfwasser, das kleine Sinterbruchstücke, Sandkörner oder andere Fremdkörper mit Sinter unter ständiger Abrollung überzieht.
Kalzit Im trigonalen Kristallsystem kristallisierendes Kalziumkarbonat ($CaCO_3$).
Karbidlampe Grubenlampe aus Eisen oder Messing, die einen Karbid- und Wasserbehälter enthält. Durch Auftropfen des Wassers auf das Karbid entsteht Azetylengas, das durch den Brenner entweicht und mit heller Flamme verbrennt. Bei Sauerstoffmangel fängt die Karbidlampe zu flackern an und verlöscht.
Kluft (Kluftnetz) Eine Gesteinsspalte, die durch Druck oder Zug entstanden ist. Sie ist jünger als das Muttergestein und durch eine Fuge oder einen Riß vorgezeichnet. Ein Kluftnetz entsteht, wenn sich mehrere Klüfte kreuzen.
Kolke Sie entstehen durch die ausstrudelnde chemische oder mechanische Kraft des Wassers. Es sind wannenartige, flache oder tiefere, topfartige Hohlformen im Höhlenprofil, die an der Höhlensohle, an den Wänden und Decken entstehen können.
Korrosion Auflösung oder Zersetzung eines Gesteins. Bei Gips oder Steinsalz ohne chemische Veränderung, bei den übrigen Gesteinen mit Hilfe von Säuren.
Lampenflora Sie entsteht, wenn elektrische Lampen an bestimmten Punkten längere Zeit brennen. Um Leuchtstoffröhren ist der Aktionsradius für assimilierende (angleichende, anpassende) Pflanzen größer als um gewöhnliche hitzeerzeugende Glühlampen.
Schluckloch (Ponor) So wird jede Stelle bezeichnet, an der Wasser in den Untergrund verschwindet.
Schluf Eine Höhlenstrecke, die nur kriechend (schliefend) bewältigt werden kann.
Schwinde Wasser-, Bach-, Flußschwinde. Eine Öffnung, in der Wasser ausschließlich infolge der Schwerkraft in ein unterirdisches Gerinne fließt.
Sickerwasser In engen Poren und Hohlräumen der Erdkruste sich abwärts bewegendes Wasser, das noch nicht den Grundwasserspiegel oder den Karstwasserkörper erreichte.
Sinter In der Höhlenkunde: Absatz von Kalziumkarbonat (Kalksinter) in verschiedenen Formen aus wässrigen Lösungen.
Siphon Teil eines Höhlengangs, in dem die Höhlendecke so weit absinkt, daß sie in den festen (Sand, Lehm, Sinter, Eis) oder flüssigen (Wasser) Höhleninhalt eintaucht. Durch diesen Verschluß werden zusammengehörende freie Höhlenteile getrennt.
Stalagmit Bodenzapfen. Entsteht durch die Kohlendioxydabgabe auf den Boden aufschlagender Tropfen kalkhaltigen Wassers. Kegel oder Zylinderform.
Stalaktit Deckenzapfen. Schlankkegelförmige Tropfsteinbildungen, deren Basis an der Höhlendecke angewachsen ist und die der Schwerkraft folgend zur Höhlensohle hinwächst.
Troglodyten Menschen, die eine Höhle als Wohnung benützen.
Troglobionten Echte Höhlentiere, deren Lebensraum nur die Höhle ist.
Troglophilen Höhlenliebende Tiere.
Tropfstein Ausscheidung aus Tropfwasser in Höhlen, meist aus Kalzit (s. d.). Es gibt aber auch Tropfsteine aus Aragonit, Dolomit, Gips, Alaun, Steinsalz, Diadochit (Phosphoreisensinter) und Schwefel.
Uvala Eine auf verschiedene Weise an der Oberfläche entstandene Karsthohlform, deren Sohle uneben ist und mehrere Ponore (s. Schluckloch) aufweisen kann. Häufig vereinigt sich eine in einem Trockental eingesenkte Dolinenreihe durch Abtragung der trennenden Felsriegel zu einer Uvala.
Versturz Durch Verbruch entstandene Anhäufung von Schutt oder Blockwerk, wodurch ein Höhlenraum ganz oder teilweise erfüllt wird.
Verwerfung Ein Bruch im Gesteinskörper, an dem meßbare Bewegungen der angrenzenden Gesteinspartien gegeneinander erfolgt sind.
Wasserschlinger Eine Öffnung, in der das Wasser unter Druck in ein unterirdisches Gerinne einfließt; ihr Profil in Tätigkeit ist immer mit Wasser gefüllt.

Bildnachweis

P. Borzsak/A. Pragai (Ungarn) 27, 28, 29, 30, 37; Dr. A. Droppa, Liptovsky Mikulás 38, 39, 40, 44; T. Hazslinszky (Ungarn) 33; Kadrnka, Postojna 17, 19, 77 (links u.); Dr. Fr. Oedl, Eisriesenwelt-Ges. 94; Karl Thein, München 9, 10, 13, 14, 18, 20, 34, 43, 53, 67, 68, 69, 77 (o. li., o. re., u. re.), 79, 93, 97, 98, 99, 100, 103, 104, 107, 108, 109, 110, 113 (alle), 130, 133, 134, 137, 138, 139, 143, 144, 149, 150, 153, 154 sowie Umschlag-Vorderseite.
Alle übrigen Aufnahmen, auch Umschlag-Rückseite, stellten die jeweiligen Höhlenverwaltungen kostenlos zur Verfügung, wofür wir herzlichst danken.
Die Kartenskizzen im Anhang stammen von E. und W. Bayer, Großinzemoos.

NORDSE
IRLAND
DUBLIN
Mitchelstown Caves
Cork
WALES
ENGLAND
LONDON
AMST
BRÜSSEL
ATLANTIK
PARIS
FRANKREIC
Rhône
Aven d'Orgnac
Toulouse
Ebro
A.
Barcelona
MADRID
PORTUGAL
LISSABON
SPANIEN
Mallorca
Palma
Cueva del Ha
Ibiza
M
Höhle von Nerja
St. Michael's Cave
Gibraltar
ALGIER
ALGERI
Kanarische Inseln
Cueva de los Verdes
Lanzarote
LAS PALMAS